# RÉPONSE A M. FÉTIS

## ET

# RÉFUTATION DE SON MÉMOIRE

## SUR CETTE QUESTION :

LES GRECS ET LES ROMAINS ONT-ILS CONNU L'HARMONIE
SIMULTANÉE DES SONS ? EN ONT-ILS FAIT USAGE
DANS LEUR MUSIQUE ?

Par M. A.-J.-H. VINCENT,

Membre de l'Institut.

LILLE,

IMPRIMERIE L. DANEL.

1859.

# RÉPONSE

# A M. FÉTIS.

EXTRAIT DES MÉMOIRES DE LA SOCIÉTÉ IMPÉRIALE DES SCIENCES ,
DE L'AGRICULTURE ET DES ARTS DE LILLE.

(C.)

# RÉPONSE A M. FÉTIS

ET

# RÉFUTATION DE SON MÉMOIRE

SUR CETTE QUESTION :

LES GRECS ET LES ROMAINS ONT-ILS CONNU L'HARMONIE
SIMULTANÉE DES SONS ? EN ONT-ILS FAIT USAGE
DANS LEUR MUSIQUE ?

PAR M.ʳ A.-J.-H. VINCENT,

MEMBRE DE L'INSTITUT.

LILLE,

IMPRIMERIE DE L. DANEL,

1859.

# RÉPONSE A M. FÉTIS

ET

## RÉFUTATION DE SON MÉMOIRE SUR CETTE QUESTION :

LES GRECS ET LES ROMAINS ONT-ILS CONNU L'HARMONIE

SIMULTANÉE DES SONS ? EN ONT-ILS FAIT USAGE

DANS LEUR MUSIQUE ? (1)

---

§ I. — *Introduction.* — *M. Fétis ne possède pas les principes de la musique des Grecs.*

Si l'histoire de l'art musical présente une question qui, depuis la renaissance des lettres, ait eu le privilége de diviser les érudits et qui les divise encore, c'est sans contredit celle que vient traiter de nouveau le célèbre professeur de Bruxelles. Il est même fort à craindre que cette polémique ne soit pas près de finir, malgré l'espérance exprimée par M. Fétis (p. 112 de son Mémoire) lorsqu'il pense avoir dit *le dernier mot* sur la matière : c'est malheureusement une satisfaction qu'il ne m'est pas possible de lui laisser. Cependant, en prenant la parole après lui, je ne me dissimule pas les difficultés de la tâche que je m'impose ni l'inégalité des conditions de la lutte. La *patience* et la *sagacité* qui suffisent à faire *les érudits et les archéologues* sont loin (je dois m'en tenir pour bien averti) de donner *les grandes qualités de l'historien ;* et que sera-ce donc si ces dernières sont

---

(1) Mémoire sur l'harmonie simultanée des Sons chez les Grecs et les Romains, etc., par Fr.-Jos. Fétis.... Extrait du tome XXXI des Mémoires de l'Académie Royale des Sciences, des Lettres et des Beaux-Arts de Belgique.

appuyées sur « *un corps de doctrine comprenant tout ce qui a été*
» *produit par l'art et par la science en tous pays et dans tous les*
» *temps* » (*Gazette musicale,* 14 *août* 1859, N.° 33, p. 271), et
ajoutons comme conséquence nécessaire : dans toutes les langues,
vivantes ou mortes. Si donc il est vrai que mes opinions , ou ce que
M. Fétis appelle *mes erreurs* (p. 71), *ont fait des prosélytes en France,*
comme il veut bien le constater (et j'ai le droit d'en être fier), c'est
que je n'avais pas encore rencontré le dangereux honneur de lutter
contre un écrivain qui a donné « la solution définitive de difficultés
» devant lesquelles ont échoué le génie et le savoir des plus grands
» hommes , tels que Descartes, Leibnitz, Newton, d'Alembert,
» Euler et Lagrange » (*Gazette musicale du* 10 *mars* 1850, N° 10,
p. 79).

Qui oserait se comparer à ces hommes véritablement grands ? et
quel nom donner à celui qui les a vaincus ? Fût-il vrai qu'il existât,
comme M. Fétis a cru le voir (*Mémoire sur l'harmonie, etc.* p. 37),
« un savant helléniste , un mathématicien instruit , un philologue
» attentif, portant dans ses recherches l'esprit d'investigation et
» d'analyse », qu'est-ce que tout cela devient en face des Titans ?
qu'est-ce que cela vaut surtout dans une question de musique ? Mais
(il faut que les lecteurs le sachent) c'est une nouvelle hécatombe qui
s'apprête ; c'est une victime trop chétive que l'on pare , avant de
l'immoler à la suite des Gafori (*Mémoire,* p. 8), des Zarlino, des Doni,
du P. Zacharie Tevo (p. 9), d'Isaac Vossius (p. 10), des frères Per-
rault (Charles et Claude), de Dacier, Burette, l'abbé Fraguier (p. 11
*et suiv.*), Marpurg (p. 24), M. Th. Henri Martin (p. 26), et par-des-
sus tout , de l'illustre philologue allemand M. Boeckh , mis à mort
(p. 28 *et suiv.*) tout exprès sans doute pour rehausser l'éclat de la
solennité (p. 33).

En effet , lorsque M. Fétis veut bien (p. 37) accorder des éloges à
une partie de mes travaux, on peut être bien sûr que ce sont ceux-là
seuls qui ne touchent pas au domaine musical. Quant aux autres ,
pour lesquels je dois reconnaître sa juridiction , qui a dit à M. Fétis
que « malheureusement , je n'ai pas cultivé la musique dès ma

» jeunesse ; que mes organes ne se sont pas accoutumés par une
» longue pratique à ses tendances, à ses combinaisons; que la
» musique actuelle ne m'est connue que par l'étude et par les livres ;
» que je n'en sens ni le système tonal ni les significations harmo-
» niques, etc., etc. » ? Il y a dans ces assertions, convenons-en, un
moyen oratoire fort ingénieux : commencer par discuter les *mœurs*
musicales de son adversaire, c'est, on ne peut le nier, le fait d'un
homme qui est passé maître-ès-arts en fait de rhétorique non moins
qu'en fait de musique? Un mot cependant suffirait pour réduire à néant
des assertions aussi tranchantes qu'elles sont gratuites :.... mais à
quoi bon (2)? parlons plus sérieusement.

Qu'un artiste, qu'un théoricien de profession mérite plus de confiance qu'un simple amateur, cela est juste et raisonnable. Mais est-ce
à dire qu'à moins de jouer, ne fût-ce que de la guimbarde ou des
castagnettes, on soit sans aucun droit pour essayer d'apporter quelque
lumière sur ces questions obscures où se présentent des particularités
si différentes à beaucoup d'égards des formes habituelles de la musique moderne ? Ne serait-il pas plus logique de penser que pour
comprendre quelque chose à la musique ancienne, une première con-
dition indispensable est d'avoir étudié avec soin les textes qui en
contiennent le secret ? Il est donc nécessaire, quoi qu'en dise M. Fétis
(p. 8), non pas, il est vrai, de *torturer les textes*, mais de faire
*un peu de philologie;* et je ne puis douter que si lui-même eût eu la
prudence de commencer par là, il ne serait pas tombé dans les graves
erreurs d'interprétation qui exposent aujourd'hui le savant Directeur
du Conservatoire de musique belge à mettre les *savants peu musi-*

(2) Si cet écrit passe sous les yeux du bon M. Hecquet, qui doit vivre aujourd'hui
retiré à quelques lieues de la Belgique, puisse-t-il, en lui rappelant le souvenir d'un
fugitif qui a indignement trompé les espérances qu'avait conçues cet excellent
homme, de doter un jour le monde d'un nouveau Kreutzer ou d'un autre Viotti....,
le consoler du moins en lui apprenant que son jeune élève, après avoir fait, pendant 50 ans, tout autre chose que jouer du violon, est pourtant resté digne de
causer musique avec l'illustre M. Fétis.

*ciens* (p. 28) dans la nécessité de contredire ses assertions et de les réfuter. Quant à moi, laissant de côté toute prétention à l'un ou à l'autre titre, j'éviterai d'entrer dans de minutieux détails de grammaire ou de lexicographie; et plein de reconnaissance pour un adversaire qui veut bien ne pas me *faire une querelle* (p. 70) au sujet du mot *distique* que j'ai employé pour désigner *deux vers* non isolés, je m'abstiendrai, par échange de courtoisie, de lui reprocher les textes grecs méconnaissables sur lesquels il s'appuie, et les fautes de notation musicale que présente son Mémoire, m'empressant d'en rejeter l'incorrection sur la négligence de ses typographes ; *j'ai*, moi aussi, *à m'occuper de choses plus sérieuses :* car, ainsi que j'entreprends de le prouver, la doctrine de M. Fétis est en opposition formelle avec des faits incontestables qu'il a complètement méconnus ou dénaturés ; et rien, si l'on n'y pourvoyait, ne serait plus capable de *fausser* véritablement *l'histoire de l'art.* Du reste, je regrette sincèrement de me voir aujourd'hui forcé de combattre un écrivain que l'on s'était habitué à regarder comme un juge sans appel, je puis même dire comme l'oracle suprême, toutes les fois qu'il se présentait à résoudre une question d'érudition musicale. M. Fétis, à la vérité, ne s'était point, jusqu'à ce jour, avancé aussi résolument sur le terrain de la musique ancienne proprement dite. Mais pourquoi le savant professeur me met-il dans la nécessité de discuter à mon tour ses mœurs scientifiques? Or, sur le terrain de la musique ancienne (cela est dur à dire, mais il le faut), M. Fétis a toute une éducation à faire. C'est ce qu'il ne me sera que trop facile de prouver en passant en revue tout ce qu'il avance au sujet de la théorie des *tons* et des *modes* antiques, de celle des *genres,* etc. ; et cela fait, la réfutation qu'il a entreprise de mes propres doctrines sur l'harmonie des Grecs se trouvera elle-même presque réfutée d'avance.

## § II — *M. Fétis confond les modes avec les tons.* — *Rectifications.*

D'abord, d'un bout à l'autre de sa dissertation, M. Fétis, qui a la prétention de se placer à un point de vue plus philosophique que tous ses devanciers et de les ramener à la vérité historique : M. Fétis, abusé lui-même par les vices de la nomenclature grecque, vices encore aggravés par les traducteurs latins, français et autres, qui n'ont pas su distinguer des choses essentiellement différentes : M. Fétis, dis-je, *confond constamment les* MODES *avec les* TONS, comme on peut s'en convaincre d'un seul coup-d'œil jeté sur le tableau comparatif (*Tableau I*) qui termine son ouvrage.

Certes, je suis loin de supposer que M. Fétis n'ait point à sa disposition une ou plusieurs définitions des *tons* et des *modes :* je suis loin de douter même qu'il ne les possède depuis sa plus tendre jeunesse ; mais j'ai tout lieu d'être étonné que sa longue pratique ne l'ait point accoutumé à en faire un usage plus sûr. Quant à moi, voici celles que je proposerai pour cette discussion : on pourra les contester ; on pourra même les intervertir en appelant *modes* ce que j'appelle *tons*, et *vice versâ :* là n'est pas le point important ; mais ce qui importe au suprême degré, c'est de ne pas confondre une chose avec l'autre, comme M. Fétis le fait toutes les fois qu'il s'agit des *modes* et des *tons ;* c'est de ne pas apporter la confusion dans les idées en commençant par la mettre dans les termes ; c'est, surtout, de donner constamment au même mot la même signification.

Pour moi donc, le TON d'une mélodie plus ou moins étendue sera *le degré absolu d'acuité ou de gravité du son sur lequel s'opère le repos final.* Il y a autant de tons différents qu'il peut y avoir de degrés distincts dans l'échelle des sons appréciables. La musique moderne en reconnaît *douze ;* dans l'antiquité, le nombre en a varié avec les époques ; si l'on parle en général, ce nombre est infini.

Quant au MODE, on peut le définir : *le système des intervalles compris entre le son final et les divers autres sons employés dans la mélodie* donnée, indépendamment des degrés absolus d'acuité et de gravité de tous ces sons. La musique moderne en distingue *deux*, le mode majeur et le mode mineur, déterminés par la tierce majeure ou mineure placée, dans la mélodie, à l'aigu du son final ou *tonique*. Dans l'antiquité, les modes furent beaucoup plus nombreux, étant fondés principalement sur les espèces d'octaves, c'est-à-dire sur la place occupée par les demi-tons dans une octave diatonique donnée, eu égard notamment à la *mèse* (corde moyenne) de cette octave, corde sur laquelle s'opérait le repos.

On peut dire encore plus simplement, que *les modernes n'ont que deux modes*, parce qu'ils ne font de *repos final* que *sur deux notes* de la gamme (supposée naturelle), *ut* et *la*, tandis que *les Anciens,* pouvant faire *repos sur toutes les notes*, avaient *sept modes principaux.*

En conséquence des définitions qui précèdent et que je crois conformes aux saines doctrines : en dépit des habitudes vicieuses dont l'écrivain philosophe doit savoir faire justice, *nous devons commencer par lire :*

Dans le *Tableau I* de M. Fétis (au n.º 6), *au lieu de : Les quinze modes selon Alypius, nous devons lire*, dis-je : LES QUINZE TONS.

Au contraire (au n.º 9), *au lieu de : Les huit tons vulgaires du plain-chant, il convient de lire :* LES HUIT MODES.

Malheureusement, comme je l'ai dit, la nomenclature des Grecs était peu rigoureuse, car le mot τόνος était généralement employé chez eux tout aussi bien pour désigner *le mode* que pour désigner *le ton.* C'est en vain que Platon emploie le mot ἁρμονία, *harmonie,* c'est-à-dire *accord* (manière d'accorder l'instrument), pour désigner spécialement le mode ; c'est en vain que plus tard Aristide Quintilien, Alypius, etc., affectent le mot τρόπος, *circulation,* à la désignation des divers tons dans lesquels on peut transporter la mélodie, les modernes ne tiennent aucun compte de ces distinctions ; et le savant

Meybaum, de qui il aurait dépendu de rectifier les idées sur ce sujet, contribue à les embrouiller plus que jamais, en traduisant par l'expression *modus* le mot τρόπος que les auteurs cités employaient surtout pour distinguer *les tons* proprement dits.

Il résulte de ce simple exposé, qu'à toutes les époques il y eut des Tons, qu'à toutes les époques il y eut des Modes, et que jamais la musique n'a pu se passer ni des uns ni des autres. En effet, d'une part, c'est dans les Modes que résident les divers moyens d'expression qui appartiennent aux passions que la musique a mission d'exprimer (1); d'un autre côté, chaque âge, chaque sexe, chaque sorte d'instrument, présente une constitution propre qui détermine le Ton qui lui est le plus naturel; et la fixation d'un *ton commun*, d'un *diapason normal*, approprié aux besoins généraux de la pratique, est un problème que nous voyons agiter encore de nos jours.

C'est d'ailleurs ce que M. Fétis reconnait parfaitement: ne dit-il pas lui-même avec une vérité incontestable (*Tabl. I*, note 5): « On » voit avec évidence que les deux systèmes des Tons et des Modes se » retrouvent concurremment à des époques très-différentes » ? Cela étant, que deviennent tous les raisonnements par lesquels on s'efforce de prouver contre M. Boeckh, dont on interpelle la mémoire (V. plus haut), que du temps d'Horace, il n'existait qu'une seule espèce d'octave, « en sorte que les rapports d'intervalles entre des modes diffé- » rents ne pouvaient jamais varier· » ? Je reviendrai plus loin sur cette singulière assertion; mais en attendant, qui ne voit d'ici tout le système de M. Fétis s'écrouler par la base avec l'hypothèse d'après laquelle, suivant son même Tableau, le système des modes, constamment variable, aurait été fondé tantôt sur les diverses espèces d'octaves, tantôt sur les divers degrés d'acuité et de gravité d'une même espèce d'octave transposée plus haut ou plus bas ?

D'ailleurs, cette variation de la nature des modes fût-elle vraie en

---

(1) Συστήματα ἃ καὶ ἀρχὰς οἱ παλαιοὶ τῶν ἠθῶν ἐκάλουν : Les systèmes (les Modes) que les Anciens nommaient les principes des émotions (Aristid. Q., p. 18).

principe, les conséquences que l'on en prétend tirer n'en seraient pas moins inexactes par suite de la fausse application que l'on en fait.

En effet, d'abord, la première portée ou ligne du Tableau est entièrement fautive; la simple inspection des diagrammes de la page 22 d'Aristide Quintilien suffit pour faire reconnaître dans les interprétations de M. Fétis, les inexactitudes suivantes :

1° Les modes dorien et phrygien d'Aristide Quintilien ont toutes leurs notes graves à l'unisson : — M. Fétis place le phrygien un ton au-dessus du dorien.

2° Les modes iastien, lydien-synton, mixolydien, d'Aristide, ont également leurs notes graves à l'unisson : — M. Fétis fait commencer le premier par un *si*, le deuxième par un *fa* ", le troisième par *la*.

3° Le lydien d'Aristide est à *un quart de ton* au-dessus des trois précédents : — M. Fétis le fait commencer par un *fa*.

Mais une chose beaucoup plus grave, dont le célèbre musicographe paraît ne s'être pas aperçu, c'est que les diagrammes d'Aristide Quintilien sont tous les *six* disposés suivant le genre enharmonique, c'est-à-dire divisés par intervalles qui ont pour base le quart de ton. Par suite, les résultats que nous donne M. Fétis en remplaçant ces diagrammes par des formules diatoniques, ne peuvent être considérés que comme des produits de son imagination. Ce n'est pas cependant que de ces formules enharmoniques on ne puisse déduire les formules diatoniques respectivement correspondantes pour chaque mode; mais pour cela, il est nécessaire de procéder comme on l'a fait dans le XVI° volume des *Notices et extraits des manuscrits, etc.*, (2e partie, p. 77, 82 et suiv.).

Mais ce n'est pas tout; voyons la suite. Il semblerait résulter de la comparaison des lignes 2e et 3e du même tableau, que suivant Aristoxène et Euclide, le système des 7 *modes* ou *espèces d'octaves*, διὰ πασῶν εἴδη, était seul en usage « 400 ans avant J.-C. », et qu'un siècle après, « à l'époque même d'Aristoxène », les 7 modes se trouvaient entièrement remplacés par un système de 13 *tons*, échelonnés par intervalles de demi-tons. Or, rien dans les textes des deux auteurs cités n'autorise à tirer une pareille conclusion. Au contraire, Euclide parle *tout à la fois* (p. 15) des 7 espèces d'octaves et ( p. 19 ) des 13 tons, τόνοι, et dans les deux cas c'est au présent qu'il en parle : ἐστίν ou εἰσί. Il est vrai qu'il ajoute en parlant des modes : « Les anciens leur donnaient les noms de mixo-» lydien, lydien, etc. »; mais une telle mention n'implique nulle-ment que ces modes étaient tombés en désuétude : elle signifie sim-plement qu'à l'époque d'Euclide, on avait reconnu qu'il était préférable de les désigner par un numéro d'ordre, lequel indiquait précisément le rang occupé, dans l'octave, par le *ton disjonctif*, ou en langage moderne, par le ton le plus aigu du triton renfermé dans l'octave. Ainsi l'octave comprise de *si* en *si* fournissait le premier mode, parce que le ton aigu *la-si* du triton *fa-si* y occupait le premier rang à l'aigu; l'octave *ut-ut* donnait le second mode, parce que le même ton *la-si* y occupait le second rang à l'aigu; et ainsi des autres. On voit donc que, dans tout cela, il n'y a rien de ce que M. Fétis a cru y voir.

Passons à la quatrième ligne du tableau : nouvelle erreur de M Fétis. La réforme de Ptolémée consistait à réduire le nombre des tons à 7, nombre égal à celui des espèces d'octaves, mais de manière 1° qu'*à chaque octave* correspondît *un ton différent*, et 2° que *les diverses espèces d'octaves* restássent *comprises entre les mêmes limites*. Or, M. Fétis, en échelonnant toutes ces octaves par degrés conjoints *dans le même trope*, a violé la seconde règle. Voyons comment il eut fallu opérer.

En convenant d'écrire dans le ton naturel de *la* mineur l'octave moyenne ou quatrième espèce qui est la dorienne ( de *mi* grave à *mi* aigu ), convention qui paraît la plus conforme aux vues de Ptolémée ( Wallis, tome III , p. 70 et suiv.), la première espèce ( la mixoly-dienne) qui est située à la quarte au-dessous ( au grave ) dans le système immuable, devra être écrite à une quarte au-dessus, c'est-à-dire dans le ton de *ré* mineur ( avec *un bémol* à la clef ), tandis que la septième espèce (l'hypodorienne) qui est la plus aiguë, devra être écrite une quarte plus bas, c'est-à-dire en *mi* naturel mineur

( avec *un dièse* à la clef ). De sorte que toutes les octaves étant éche-
lonnées d'après le même principe (1), on aura les deux Tableaux
suivants dans lesquels toutes les espèces d'octaves sont comprises
dans le même intervalle ( *mi-mi* ), la note finale commune étant *la*
naturel , conformément à la démonstration que j'ai donnée dans les
*Notices* (p. 87 et suiv. ), excepté dans le mode hypolydien où la finale est *la* # (V. ci-après, planche 1re, les fig. I et II ).

Comme on le voit par ces Tableaux , lorsque , pour passer d'une
espèce d'octave à une autre dans le système immuable , il faut
*s'élever, à l'aigu,* d'un certain intervalle, par exemple d'une seconde
mineure ou majeure, d'une tierce, etc., le trope dans lequel la nouvelle
octave se trouve comprise est situé lui-même *au grave* du premier ,
à ce même intervalle de seconde, de tierce, etc.

Maintenant , si l'on convient que chaque trope prendra le nom du
mode auquel écheoit cette espèce de correspondance avec lui , il est
clair que les noms des tropes se trouveront disposés dans l'ordre
précisément inverse à celui des noms des modes ; et tel est le principe
d'après lequel sont établies les Tables d'Alypius. Or, c'est pour avoir
méconnu ce fait si simple , que les instituteurs des modes ecclésias-
tiques , en prenant l'ordre des tropes pour celui des modes , se sont
trouvés conduits à intervertir la nomenclature grecque ; d'où un dé-
sordre impossible à réparer aujourd'hui , et une obscurité dans
laquelle il est devenu si difficile de faire pénétrer la lumière (2).

(1) Il faut observer, toutefois , que cet énoncé s'applique spécialement au chapitre X du livre II de Ptolémée et au diagramme de la page 71 : car dans le chapitre
suivant et dans le diagramme de la page 73, cet auteur, s'écartant de ce qu'il a dit
sur la nécessité de renfermer les modes dans les limites d'une même octave , adopte
un autre principe d'après lequel c'est la mèse ou tonique (bien distincte de la finale)
qui doit être établie à l'unisson de l'un des degrés du système immuable. Or, par
suite de cette nouvelle convention , il y a *trois* modes qui se trouvent abaissés d'un
demi-ton , savoir : le lydien , l'hypolydien et l'hypophrygien. — Notons en passant
que Wallis (*ibid.*, p. 77) ne s'est conformé à ce nouveau principe que dans les
deux premiers de ces trois modes , et que , par une sorte d'inconséquence , il a écrit
la traduction du mode hypophrygien dans le ton de *fa* # mineur, avec 3 *dièses* à la
clef, au lieu de l'écrire avec 4 *bémols* nécessaires pour que le *fa* soit naturel.

(2) Voyez la *Revue archéologique* , t. XIV, 1858 , p. 620 et suiv.

La ligne 5 du tableau de M. Fétis n'est pas plus irréprochable que les précédentes : car cette ligne, qui est censée représenter la doctrine d'Aristide Quintilien, s'en écarte doublement. En effet, cet auteur, à la page 17, s'occupe d'abord des diverses espèces d'octaves ou des modes ; il en reconnaît 7, les mêmes qu'Euclide ; et à la page 24, il parle des tons ou tropes qui sont, dit-il, au nombre de 13 suivant Aristoxène, au nombre de 15 suivant les modernes. Or, à la place de ces 7 espèces d'octave d'une part, et de ces 13 ou 15 tons de l'autre, M. Fétis nous donne uniquement l'octave hypodorienne ou *commune*, qu'il établit sur 7 tons différents n'ayant même entr'eux aucune liaison.

J'aurais des observations analogues à faire sur le système des Grecs modernes (lig. 7), dans lequel M. Fétis range les divers modes dans l'ordre précisément inverse à leur ordre véritable, comme on peut le vérifier dans Manuel Bryenne ( p. 405 ) ; sans compter qu'outre le système des Modes, l'auteur grec donne aussi (p. 481) le système des Tons correspondants, ce qui confirme une fois de plus cette vérité, que les deux systèmes n'ont jamais marché l'un sans l'autre, et qu'il est nécessaire, pour toutes les époques, de les considérer simultanément sans cesser de les distinguer.

Je n'ai rien à dire du système des 15 tons d'Alypius (lig. 6) ni des modes de l'Église latine (l. 8 et 9). Mais les détails dans lesquels je suis entré suffisent pour démontrer amplement ma proposition, savoir : que quand M. Fétis reproche aux écrivains modernes et à moi en particulier ( p. 38 ), d'avoir confondu les diverses époques, c'est lui-même au contraire qui tombe dans une erreur bien autrement grave, en confondant deux choses aussi essentiellement distinctes que le sont, dans tous les systèmes de musique possibles, les *modes* et les *tons*. Est-il nécessaire d'insister pour faire ressortir toutes les conséquences d'une pareille énormité ?....

J'interromprai donc ici mes remarques générales relatives aux modes et aux tons, me réservant de les compléter un peu plus loin, lors de la discussion des critiques dirigées par M. Fétis contre mes propres travaux.

§ III. — *M. Fétis se fait des Genres une idée fausse.* — *Sa restitution de la magadis d'Anacréon est inadmissible.* — *Rectifications.*

Je passe maintenant à la manière dont M. Fétis envisage les *Genres* ou divisions diverses du tétracorde grec en général, et les *systèmes* formés par la réunion des divers tétracordes.

Ainsi, relativement au genre diatonique, tous les auteurs sans exception s'accordent à considérer le tétracorde comme composé de deux tons à l'aigu et un demi ton au grave, de cette façon :

$$si \quad ut \quad ré \quad mi,$$
$$mi \quad fa \quad sol \quad la,$$
$$la \quad si♭ \quad ut \quad ré.$$

Or, M. Fétis (p. 115), le compose ainsi, en mettant le demi-ton au milieu :

$$la \quad si \quad ut \quad ré,$$
$$ré \quad mi \quad fa \quad sol,$$
$$sol \quad la \quad si♭ \quad ut.$$

Que l'on motive cette manière de voir en disant que, quatre cordes, c'est toujours un tétracorde, soit ; mais alors ce n'est plus la théorie grecque ; on a beau se comprendre soi-même, il n'en faut pas moins renoncer à se faire comprendre des autres.

Passons à des faits plus importants : dans son *Tableau II*, M. Fétis veut expliquer (p. 89 et *suivantes*) la *magadis* à vingt cordes d'Anacréon, dans le *mode* (lisez *ton*) dorien chromatique *de son temps*. Or, son explication est entièrement erronée, comme on va le voir ; et ici les erreurs se trouvant répétées *un certain nombre de fois*, ne peuvent plus être imputées aux négligences de la typographie.

Ainsi : 1° lignes 2 et 3 du Tableau, M. Fétis place la *paranète* chromatique un demi-ton au-dessus de la diatonique ; or tout le monde sait, soit par les Tables d'Alypius (dans Meybaum, ou dans les *Notices*, ibid., p. 128), soit par les travaux de Perne (*Rev. mus.* t. III, pl. IV), que la corde chromatique est au-dessous de la diatonique. — Même erreur répétée ligne 12 et 13.

2° Lignes 3 et 13, M. Fétis attribue au tétracorde des *disjointes*

( *diezeugménon* ) la même corde *ut* qui appartient au tétracorde des *conjointes* ( *synemménon* ).

3o Ligne 4, M. Fétis nomme *trite* ( chromatique ) des tétracordes *synemménon* et *hyperboléon*, la corde *si* qui en est la *paranète*.— Même erreur répétée à la ligne 14 : le *si* grave est *l'indicatrice* ( *lichanos* ) chromatique du tétracorde des *moyennes* ( *méson* ), et non la *parhypate*.

4o Lignes 8 et 18, erreurs analogues sur les cordes *fa²*, aigu et grave : au lieu de *parhypate* lisez *lichanos* ; au lieu de *trite* lisez *paranète*.

En résumé, les notes *ut³*, aigu et grave, que M. Fétis place dans son tableau comme *paranète hyperboléon chromatique* et comme *lichanos méson chromatique*, n'ont aucun droit d'y figurer à pareil titre ; de sorte qu'en définitive, *au lieu de* 20 *cordes, le tableau se trouverait* strictement *réduit* à 18.

Des erreurs aussi singulières que multipliées, de la part de M. Fétis, m'étonnèrent, je l'avoue, au plus haut degré, et elles piquèrent ma curiosité à tel point, que je voulus en découvrir la cause. Or, voici ce que j'ai trouvé :

D'abord le *Tableau II*, dont il est ici question, a été composé d'après celui que M. Boeckh donne dans son ouvrage *De metris Pindari* (p. 264), « *en renversant l'ordre établi à rebours par Boeckh* » dit M. Fétis. Or, le savant archéologue de Berlin, en plaçant le grave en haut de l'échelle, n'avait fait en cela qu'imiter les Grecs ; c'est donc M. Fétis *qui a mis les choses à rebours en les renversant.* Mais ce n'est pas tout : M. Fétis voyant que le célèbre philologue allemand employait, par abréviation, l'expression : *chromatique*, sans autre désignation, a cru qu'il fallait sous-entendre les mots *trite*, *parhypate*, placés une ligne au-dessus dans le tableau qu'il retournait, tandis qu'au contraire c'était à la ligne inférieure qu'il eût fallu emprunter la dénomination nécessaire pour compléter le nom de la corde, en supposant que ce complément fût utile à quelque chose ; mais il n'en est rien : que M. Fétis me permette de lui rappeler que les expressions *diatonique*, *chromatique*, sans autre désignation, s'appliquent de droit aux *indicatrices* (V. *Notices*, p. 119), et caractérisent complètement ces cordes.

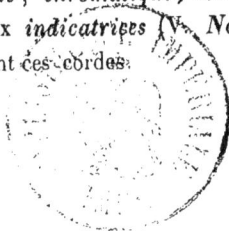

En somme, il faut avouer qu'ici **M.** Fétis a joué de malheur ! Voyons si, de notre côté, nous serons plus heureux.

On connait l'origine du mot *magadis :* on sait que ce mot dérive de μαγάς qui signifie *chevalet.* Boëce explique très-bien dans son Traité *De la Musique* (liv. III, chap. 18), que si, sous une corde tendue, on place un chevalet qui la divise dans le rapport de 1 à 2, et que l'on fasse vibrer simultanément les deux parties ainsi déterminées, les sons rendus en conséquence formeront la consonnance d'octave.

De là l'instrument nommé *Magadis.*

Supposons que cet instrument ait dix cordes par exemple, et soit muni d'un long chevalet (d'une *traverse*), disposé de manière à passer sous toutes les cordes et à les partager suivant le rapport susdit: si l'on accorde le décacorde grave formé par les parties les plus longues, le décacorde aigu se trouvera accordé de lui-même à l'octave du premier. Il n'est donc nécessaire de s'occuper que de celui-ci ; les notes qui représentent les sons du décacorde grave n'auront même besoin que de l'addition d'un accent pour devenir applicables à la représentation des sons du décacorde aigu, comme on le voit dans les Tables d'Alypius, et comme on le verra en outre dans le document dont nous allons nous occuper dans un instant.

En définitive, voici comment eût dû être établi le décacorde grave, le seul utile à considérer d'après ce que l'on vient de dire :

| | | | | |
|---|---|---|---|---|
| | (nète, *pour mémoire*). | | NÈTE . . . . . . . . . | |
| ré | paranète diatonique . . | | | |
| ut♯ | PARANÈTE chromatique. | Tétrac.diezeugménon | paranète diatonique . . . . | |
| ut | TRITE . . . . . . . . | | id. chromatique . . . | Tétrac. synemménon |
| si | PARAMÈSE. . . . . . . | | trite (SYNEMMÈNE) . . . . . | |
| si♭ | . . . . . . . . . . . . . | | MÈSE . . . . . . . . . . | |
| la | MÈSE . . . . . . . . . | | | |
| sol | lichanos DIATONIQUE . . | Tétrac. méson. | | |
| fa♯ | lichanos CHROMATIQUE . | | | |
| fa | PARHYPATE . . . . . . | | | |
| mi | HYPATE . . . . . . . . | | | |

aigu     grave

Ce qui se résume ainsi :

| | | |
|---|---|---|
| 1 | *nète* . . . . . . . . . . . . . | ré |
| 2 | *paranète* . . . . . . . . . . . | ut$\sharp$ |
| 3 | *trite* . . . . . . . . . . . . . | ut |
| 4 | *paramèse* . . . . . . . . . . . | si |
| 5 | *synemmène* . . . . . . . . . . | si$\flat$ |
| 6 | *mèse* . . . . . . . . . . . . . | la |
| 7 | *diatonique* ou *diatone* . . . . . | sol |
| 8 | *chromatique* . . . . . . . . . | fa$\sharp$ |
| 9 | *parhypate* . . . . , . . . . . | fa |
| 10 | *hypate* . . . . . . . . . . . . | mi |

*A priori* je n'eusse peut-être point établi le décacorde précisément de cette manière ; mais il est très-acceptable sous cette forme
qui a le remarquable avantage d'emprunter toutes ses dénominations
à la nomenclature commune, et de préparer, en quelque sorte, le
document dont il sera question un peu plus loin. De plus, en partant
de la Mèse, toutes les cordes peuvent être accordées de proche en
proche en n'employant que les consonnances de quarte et de quinte.

Au surplus, on reconnaît encore à d'autres indices, que M. Fétis
ne possède pas une idée nette des Genres de la musique grecque.
Ainsi, quand il dit (à la page 45) que *dans le genre diatonique
toutes les cordes étaient stables*, il emploie le mot *stable* à contre
sens : car que signifie ici ce mot ? que les cordes ne changeaient pas
lorsqu'on passait d'un genre à un autre, tandis que les cordes *mobiles* changeaient avec le genre. Si, en disant que toutes les cordes
du genre diatonique étaient *stables*, on veut faire entendre que, le
genre diatonique une fois donné, toutes les cordes y devenaient *fixes*,
à la bonne heure ; mais il sera tout aussi vrai de dire que les cordes
du genre chromatique étaient étables, puisque le genre étant déterminé, rien plus n'y demeurait variable. On invente ici un langage

nouveau ; mais en même temps qu'on dénature celui des Grecs, on introduit dans la théorie un véritable chaos.

C'est sans doute en conséquence de cette fausse manière de voir, qu'à la page 44, M. Fétis omet de comprendre le *si* aigu parmi les cordes variables. Cette note a été comprise avec raison parmi les notes stables, en tant qu'on la considère comme *paramèse* du trope lydien. Mais elle joue ici un double rôle, étant en outre (sous la forme *ut*♭) la *paranète chromatique* du tétracorde des *disjointes (diézeugménon)* ; et à ce titre elle est susceptible de hausser d'un demi-ton en passant du chromatique au diatonique. Aussi dans l'*Introduction musicale* de Bacchius l'Ancien (p. 8), voit-on la note ⊔Z figurer parmi les sons stables en même temps que parmi les sons mobiles.

Mais voici quelque chose de bien plus fort : S'il est une notion vulgaire en fait de musique grecque, c'est que le tétracorde y comprend invariablement un intervalle total de quarte, ou deux tons et demi, quel que soit le genre. Or, voici en quels termes M. Fétis s'exprimait il y a quelque temps *(Bulletin de l'Acad. r. de Belg. t. XV, 1ʳᵉ partie, p. 218 et suiv.)*, en rendant compte d'un mémoire de M. le comte de Robiano : « Dans le genre enharmonique, disait le » rapport, la division des trois intervalles formés par les quatre » sons de chaque tétracorde se fit de diverses manières, suivant les » époques, par les changements de position des cordes mobiles. » Ainsi, l'un des systèmes consistait à mettre le deuxième son à » l'intervalle d'un quart de ton du premier, le troisième à un quart » de ton du second, d'où il résultait que l'intervalle de ce troisième » son à la note supérieure du tétracorde était une tierce mineure. » Suivant un système postérieur, la quarte juste, terminée par les » quatre notes du tétracorde, était divisée par trois intervalles égaux » de deux tiers de ton chacun ; enfin d'après un troisième système, » le deuxième son du tétracorde était à l'intervalle de trois quarts de » ton du premier, le troisième à un quart de ton du second, et le » quatrième à la distance d'un ton du troisième. »

Or cette explication est erronée de tous points, parce que :

1° M. Fétis n'y donne au tétracorde qu'une tierce majeure d'étendue au lieu d'une quarte, en effet :

$$\text{Premier système :} \quad \tfrac{1}{4} + \tfrac{1}{4} + \tfrac{3}{2} = 2$$
$$\text{Deuxième système :} \quad \tfrac{2}{3} + \tfrac{2}{3} + \tfrac{2}{3} = 2$$
$$\text{Troisième système :} \quad \tfrac{3}{4} + \tfrac{1}{4} + 1 = 2.$$

2° Le premier seul de ces trois systèmes pourrait se rapporter au genre enharmonique qui a toujours deux quarts de ton au grave ; mais alors l'intervalle supérieur doit y être porté à une tierce majeure au lieu d'une tierce mineure.

3° Le second système, composé de trois intervalles égaux, ne peut s'appliquer qu'au *diatonique* égal de Ptolémée ( non par conséquent à l'enharmonique ) ; mais alors les intervalles partiels doivent être chacun de cinq sixièmes de ton (non de deux tiers) : en effet $\tfrac{5}{6} \times 3 = \tfrac{5}{2} = 2 + \tfrac{1}{2}$, valeur de la quarte.

4° Le troisième système, ayant son intervalle moyen inférieur à l'intervalle grave, ne peut s'entendre que du *chromatique* de Didyme, seul genre qui présente cette circonstance ; mais alors les véritables intervalles sont, en allant du grave à l'aigu, un demi-ton majeur, un demi-ton mineur, une tierce mineure.

Sans aller plus loin, ce qui précède serait déjà suffisant pour montrer à travers quel singulier prisme M. Fétis voit la musique des anciens : car il me semble qu'après une pareille démonstration de la valeur du tétracorde grec, démonstration appréciable pour les ignorants comme pour les savants, on pourrait se contenter de dire : *ab uno disce omnes*. Mais ce serait quitter la partie avec trop beau jeu : je vais maintenant, après avoir réfuté les assertions de M. Fétis, examiner comment il prétend réfuter les miennes, et faire voir comment ses prétendues réfutations se retournent contre leur auteur.

§ IV. — *Explication de plusieurs expressions techniques.* —
*Par suite, interprétation de divers passages d'Aristote et de*
*Plutarque.*

Je commencerai par répondre à une question préjudicielle que
m'adresse M. Fétis ( p. 40 ) au sujet du « motif qui m'a déterminé à
» transporter le mode lydien à la tierce mineure supérieure de son
» diapason réel ». Ce motif, je l'avais déjà expliqué dans les *Notices*
(Ibid. p. 123 et 231), et je n'ai qu'à répéter ici mon explication. « La
mèse du trope lydien, ai-je dit (p. 123) , paraît avoir été considérée
par les anciens, comme le *medium* du diapason général des voix
humaines. De son côté, M. le docteur Fréd. Bellermann (Σύγγραμμα
etc., p. 3-17) pense que le système grec, comparé au nôtre, doit
être établi *deux* tons plus haut qu'on ne le croit ordinairement ; et
quoique je ne sois pas tout à fait d'accord avec lui sur ce point
( ibid. p. 231 ), il n'en est pas moins vrai que, les Grecs établissant
tous leurs diagrammes dans le ton qu'ils considéraient comme le ton
naturel, nous devons en faire de même tant qu'il ne s'agit que de
théories abstraites. Or, il est certain que les démonstrations établies
sur le ton naturel de *la* ( mineur ) sont bien plus faciles à saisir que
quand l'écriture est surchagée de signes accidentels de dièses et de
bémols. »

En réalité, la question de savoir exactement dans quel ton de la
musique moderne on doit traduire tel ou tel trope grec (non tel ou
tel mode, entendons-nous bien ), dépend de la relation qui pouvait
exister entre le *tonarium* des anciens et notre propre *diapason*. Or,
les discussions et les récents travaux relatifs au diapason normal ont
prouvé surabondamment que , rigoureusement parlant, cette question est véritablement insoluble ; et dans cet état de choses, j'ai cru,
d'accord en cela avec M. Bellermann, qu'il était parfaitement convenable « de traduire les notes du trope lydien, c'est-à-dire du trope
» le plus communément employé, par celles de notre gamme natu-

» relle (1), considérant cette convention comme fournissant la plus
» commode des approximations (ibid. p. 231) ».

L'incident se trouvant ainsi vidé, j'arrive à la première difficulté
sérieuse que m'oppose M. Fétis. Elle est relative au 12e des problèmes
musicaux d'Aristote (§ XIX). Mais auparavant, il est nécessaire d'être
bien fixé sur la signification du mot μέλος et de quelques-uns de ses
principaux dérivés.

Le mot μέλος signifie proprement *partie* ou *membre*. Il a ainsi pour
synonymes les mots μέρος, κῶλον. En musique, suivant Aristide Quintilien (p. 32), il présente à l'esprit l'idée de toute suite mélodique de
sons, abstraction faite du rhythme et de la parole; il s'applique
donc, non-seulement à l'exécution instrumentale, mais même à la
vocalisation, et, par exemple, aux exercices de solfége qui se trouvent dans l'*Anonyme* (Notices, p. 44 et suiv.), et que paraît désigner l'expression διαγράμματα d'Aristide Quintilien (2).

( Au pluriel l'expression μέλη représente des vers mesurés, non
prosodiquement, mais musicalement, tels que sont les vers lyriques;
mais ce n'est pas ici la question. )

Μελῳδεῖν ἄσματα ou ἐν μέλει ἄδειν, c'est accompagner le chant avec
le jeu des instruments; et par suite, μέλος se prend aussi pour l'exécution musicale à plusieurs parties, comme dans le problème cité et
dans divers autres passages d'Aristote et de Plutarque dont j'ai à parler,
ce qui, on ne peut le nier, semble bien établir déjà l'existence d'*une
sorte d'harmonie*, sans que cependant on soit pour cela autorisé
à y voir quelque chose de véritablement semblable à l'harmonie
moderne.

Si l'on met ce mot μέλος en opposition avec κροῦσις qui signifie

---

(1) J'ai eu soin, dans les *Notices*, lorsque cela pouvait être utile, de placer
derrière la clef de *sol* une clef d'*ut* sur la première ligne, armée de trois dièses (V. p.
402 *et suiv.*), ce qui rétablit les notes musicales dans leur véritable place quand on
veut la connaître.

(2) Le Tableau synoptique des tropes ou des diverses gammes est aussi un diagramme (*ibid*, p. 26).

spécialement l'accompagnement (le battement des cordes), alors il s'applique lui-même à la partie vocale, comme nous en verrons plus loin un exemple ; toutefois, suivant Aristide Quintilien ( p. 32 ), l'accompagnement, κροῦμα, se compose de la mélodie (du μέλος) combinée avec le rhythme ; et pareille combinaison produit également les phrases musicales intercalées dans le chant et spécialement nommées κῶλα. Au contraire, le μέλος combiné avec la parole seule ( sans instrument et sans rhythme ) donne lieu à ce qu'Aristide ( ibid. ) nomme *chants coulants* ou *chants fondus*, κεχυμένα ( *plain-chant* ; Cf. l'Anonyme, Notices, p. 50 ).

Tout cela étant supposé bien compris, je vais examiner d'abord deux passages de Plutarque qui me paraissent être de nature à jeter une vive lumière sur la question. J'avais déjà cité le premier de ces deux passages dans les *Notices* (p. 118, n° 2), sans traduction il est vrai, et il a échappé à l'attention de M. Fétis ; aujourd'hui j'en citerai deux.

Voici d'abord le premier, qui ne fait que reproduire le 12ᵉ problème d'Aristote, mais sans y donner de réponse : Διὰ τί, dit Plutarque (*Sympos*. l. IX, arg.), διὰ τί τῶν συμφώνων ὁμοῦ κρουομένων, τοῦ βαρυτέρου γίνεται τὸ μέλος ;

Voici maintenant le second passage du même auteur, où se trouvent répétés les derniers mots du précédent, mais suivis d'un important développement qui les explique l'un et l'autre ainsi que le problème d'Aristote. Ὥσπερ, dit ici Plutarque (*Conjug. præc.* etc. c. IX), ὥσπερ ἂν φθόγγοι δύο σύμφωνοι ληφθῶσι, τοῦ βαρυτέρου γίνεται τὸ μέλος, οὕτω πᾶσα πρᾶξις ἐν οἰκίᾳ σωφρονούσῃ πράττεται μὲν ὑπ᾽ἀμφοτέρων ὁμονοούντων, ἐπιφαίνει δὲ τὴν τοῦ ἀνδρὸς ἡγεμονίαν καὶ προαίρεσιν.

Comme on le voit, le premier passage se retrouve à peu près répété dans celui-ci. Seulement, au lieu d'une question διὰ τί, *pourquoi*, nous avons une comparaison ὥσπερ, *comme* ; et au lieu de τῶν συμφώνων ὁμοῦ κρουομένων, nous avons ἂν φθόγγοι δύο σύμφωνοι ληφθῶσι, ce qui a le même sens, ou à peu près, quant à la question actuelle. Or, on voit clairement ici que la locution τοῦ βαρυτέρου ( φθόγγου ) γίνεται τὸ μέλος doit s'expliquer par la prépondérance que prend le son le plus grave dans tout assemblage ou harmonie de deux sons *simultanés*, de quelque manière que l'on veuille d'ailleurs entendre cette prépondérance.

En conséquence, le premier passage de Plutarque doit être ainsi traduit : « Pourquoi, lorsque des sons consonnants sont frappés en-
» semble, le plus grave a-t-il la prépondérance dans l'harmonie ? »
Quant au second, je le traduirai de la manière suivante : « De même
» que, si l'on prend deux sons consonnants, c'est le plus grave qui
» a la prépondérance dans l'harmonie: de même dans un ménage
» sagement gouverné, toutes les affaires se font par l'accord parfait
» des époux, mais de manière cependant à mettre en évidence la
» prédominance et la volonté de l'homme. »

Maintenant, en quoi donc peut consister cette prépondérance ? c'est sans doute ce que le 12e problème d'Aristote va nous apprendre. car il commence par une phrase qui, bien qu'en termes différents, reproduit évidemment la même idée que la question de Plutarque (*Sympos.*) citée plus haut : Διὰ τί, dit Aristote, τῶν χορδῶν ἡ βαρυτέρα ἀεὶ τὸ μέλος λαμβάνει.

Cette question, ayant nécessairement le même sens que celle de Plutarque, doit par conséquent se traduire de la même manière :
« Pourquoi la plus grave des deux cordes prend-elle toujours la pré-
» pondérance dans l'harmonie ?

» En effet, continue Aristote, lorsqu'il s'agit de chanter la para-
» mèse » (M. Fétis propose de substituer la *paranète*), « si on
» l'accompagne du son de la mèse, la mélodie n'en souffre nulle-
» ment ; mais s'il faut au contraire chanter la mèse, alors on doit
» accompagner à l'unisson, et il n'y a plus de son isolé. Est-ce parce
» que le grave est [plus] grand et par conséquent plus puissant ?
» En effet, le grand comprend le petit, [et c'est pour cela aussi que]
» dans la disjonction, deux notes distinctes correspondent à une
» même hypate. »

J'ai donné cette fois la traduction entière. M. Fétis m'avait reproché (p. 40) d'avoir supprimé la fin du problème ; je l'en remercie : j'espère qu'en la rétablissant, j'aurai fait mieux comprendre la suite du raisonnement (1).

Mais de plus, M. Fétis pense qu'au lieu du mot *paramèse* il faut admettre celui de *paranète*, sans quoi il résulterait de la phrase d'Aristote « que la mélodie se trouve bien d'être accompagnée par » une affreuse dissonance de seconde, ce qui est absurde ».

Je pourrais demander d'abord à mon adversaire ce qu'il y a d'absurde à supposer, par exemple, que cette phrase

*la mi ré ut si ré ut si la*     (V. pl. II, fig. III)

soit accompagnée par une pédale tenue sur la note *la ?* N'est-il pas vrai de dire que cet accompagnement est admissible (même à l'octave), tandis que le *si* mis à la place du *la* ne serait par supportable ?

Cependant, M. Fétis prétend qu'il s'agit d'accompagner avec le *la (mèse)*, non point le *si (paramèse)*, mais le *ré (paranète)*. Eh bien ! je ne m'y oppose pas : la conséquence sera toujours l'existence d'un accompagnement ; seulement, ce sera celui d'une consonnance de quarte au lieu d'une dissonnance ; et comme je suis sûr de retrouver celle-ci plus loin et assez nettement formulée pour qu'elle ne puisse nous échapper, nous n'y aurons rien perdu. Quant à l'énoncé d'Aristote, il n'en sera que mieux établi pour le moment, puisque l'on n'aura plus aucune objection fondée à m'opposer.

Il n'est pas inutile d'ajouter en passant que dans les deux énoncés de Plutarque, rapportés plus haut, le mot συμφώνων ne signifie pas l'unisson ou l'octave comme on pourrait, en désespoir de cause, tenter de le soutenir : l'auteur, dans ce cas, se serait servi des expressions tout appropriées ὁμοφώνων, ἀντιφώνων : et d'ailleurs, l'énoncé d'Aristote, quelle que soit celle des deux leçons qu'on adopte, παραμέσην ou παρανήτην, fait bien voir qu'il s'agit ici d'un fait beaucoup plus notable et plus grave dans ses conséquences.

----

(1) Pour confirmation de la *simultanéité* comme étant dans la pensée d'Aristote et de Plutarque, **Cf.** Synésius Περὶ ἐνυπνίων (*Notices*, p. 282 et 283, et particulièrement la *page* 288, n° 3). Je reviendrai plus loin sur l'épigramme d'Agathias (*ibid.*)

Au reste, il est facile de voir comment ici M. Fétis se sera cru autorisé à rejeter mon explication. Chabanon, s'est-il dit, *bon musicien
et homme instruit*, avoue (1) « qu'après être revenu vingt fois
» sur ce passage, avec une obstination presque infatigable, il n'a pu
» parvenir même à soupçonner le sens qu'il était possible d'en tirer »
(p. 40) ; comment M. V., « qui n'a pas une idée juste des pro-
» priétés tonales, qui n'a pas le sentiment de l'art moderne, etc.
» etc. » (p. 38), comment, dans de pareilles conditions, M. V.
peut-il avoir la prétention d'expliquer ce que n'a pu comprendre son
savant prédécesseur? Mais « M. V. *ne voit pas* dans ce passage
» les mêmes difficultés que Chabanon . . . . . ; *il a* bien *vu* l'incohé-
» rence de la réponse avec la question, et n'a pas essayé de les con-
» cilier . . . . . » ; [ cela ne l'a pas empêché de ] « tirer en partie de
» là précisément son système d'harmonie chez les Grecs . . . . . . » ;
[pour cela il a pris ses aises] : « il a simplement supprimé la suite du
» problème » (p. 40), etc., etc.

On a vu plus haut que pour répondre à l'insinuation sous-entendue
dans cette dernière phrase, j'ai donné cette fois la traduction entière ;
et il est facile de reconnaître que si primitivement j'avais supprimé
la fin du problème, ce n'est pas qu'elle témoignât contre mon opinion,
mais tout simplement parce qu'elle ne faisait absolument rien à la
question strictement renfermée dans les limites de son énoncé. Cependant, cette fin peut contribuer à faire comprendre l'ensemble par la
double comparaison qu'elle contient : D'abord, la mèse est la plus
grave des deux cordes que l'on considère, de même que l'hypate est
plus grave que la nète ; et ensuite, de même que l'hypate peut être
opposée à deux nètes, peut leur faire en quelque sorte équilibre, de
même la mèse, prise pour accompagnement, peut être combinée avec
deux sons différents.

Tel est, à ce qu'il me semble, l'ordre des idées ; il n'est point dépourvu d'une certaine logique, mais, en réalité, il ne répond pas à

---

(1) *Mém. de l'Acad. des Inscript.*, t. XLVI, p. 320.

la question posée; et voilà pourquoi j'avais supprimé cette fin, incertain d'ailleurs si elle est bien d'Aristote comme le commencement (1).

Quant à Chabanon, il n'est pas difficile de reconnaître ce qui l'a surtout dérouté : c'est évidemment l'emploi du mot ψιλὸς appliqué à la mèse, en même temps qu'il croyait devoir traduire cette expression par le mot *rare,* incomplètement renseigné à cet égard par les lexiques de son temps. Aussi avais-je fait précéder mon explication par une longue dissertation sur le mot ψιλὸς (2), dissertation dans laquelle j'ai réuni une masse imposante d'autorités pour prouver que la signification radicale de ce mot n'est pas : *petit* ou *rare,* mais *isolé, net, pur et simple, dépourvu de tout appendice;* et c'est ainsi que l'explication du 12° problème d'Aristote est devenue possible.

Au surplus, j'aurais pu me dispenser de faire cette longue dissertation : car depuis qu'elle est écrite, j'ai trouvé dans la thèse de M. Ern. Fréd. Bojesen *De problematis Aristotelis* (Hafniæ, 1836), la même opinion sur le véritable sens du mot ψιλός : « Vocabulum » in re musica frequens », dit cet auteur (p. 79). « Quæ ex plu- » ribus rebus composita et velut in unum confusa esse in musica » possunt et solent, in his si una aliqua pars per se exercetur et sua » vi viget, ea ψιλὴ dicitur, ut ψιλὸς λόγος, oratio soluta, ψιλὴ φώνη » opp. ᾠδικὴ, ψιλὴ ποίησις opp. π. ἐν ᾠδῇ; in primis trabitur ad can- » tum instrumentorum quem non comitatur vocis cantus (il faut » sous entendre *à l'unisson,* v. plus haut), ut ψιλὴ αὔλησις, ψιλὴ » κιθάρισις. h. l. instrumenti sonum indicare videtur opp. voci. »

Il n'en est pas moins vrai que Bojesen lui-même ne paraît pas avoir compris le sens du texte d'Aristote : « hoc problema » (dit-il au même endroit) « mihi quidem obscurius esse fateor ».

Il m'est donc encore permis, jusqu'à plus ample informé, de croire que j'ai apporté quelque lumière dans la solution de cet obscur pro-

_____

(1) Cf. les Notices, p. 118, n° 4.

(2) Cette dissertation a été reproduite dans la *Revue de philologie* rédigée alors par M. L. Renier, t. II, p. 37.

blème, en y signalant une preuve de l'existence *d'une certaine har-monie* chez les Grecs.

D'ailleurs, une réflexion bien simple à laquelle conduit un passage d'Aristide Quintilien (Meyb. p. 28), suffirait à elle seule pour démon-trer que les instruments ne jouaient pas constamment à l'unisson des voix comme on voudrait le soutenir. Ce passage est celui dans lequel cet auteur explique l'usage des notes instrumentales : car, on le sait, l'écriture musicale n'était pas la même pour les instruments et pour les voix. Or, je le demande, à quoi eut été nécessaire, dans le cas supposé, une double notation exclusivement instrumentale d'une part, exclusivement vocale de l'autre ? Est-ce que les voix et les instruments, s'ils avaient dû rendre constamment, et note pour note, les mêmes degrés de l'échelle musicale, n'auraient pas pu lire la même écriture ? Mais certes, il en était tout autrement, comme le passage d'Aristide le fait bien voir. En effet, ce passage, confirmé par un autre de l'Ano-nyme (*Notices* ibid. p. 34 et 35), explique très-bien pourquoi *il a fallu deux sortes de signes,* les uns pour la voix, les autres pour l'instrument : c'est *parceque le jeu de l'instrument ne suit pas note pour note le chant des paroles, et qu'il fallait des signes séparés pour représenter* d'une part *les phrases instrumentales intercalées ou ajoutées aux paroles,* et d'autre part *les accom-pagnements qui ne sont pas conformes au chant,* ψιλὰ κρούματα (V. plus haut). En effet, je le répète, on ne conçoit d'aucune ma-nière comment les mêmes signes n'auraient pas pu suffire à tous les besoins, si l'instrument n'avait jamais eu à rendre un ton différent de celui de la voix ; et la première chose à faire pour quiconque pré-tend nier toute espèce d'harmonie simultanée des sons chez les An-ciens, serait de rendre compte d'une façon tant soit peu raisonnable (si tant est que cela fût possible) d'une semblable superfétation.

§ V. — *M. Fétis, pour donner une apparence de corps à sa réfutation, me fait affirmer plusieurs choses que je n'ai données que comme conjecturales. — Nombreuses et graves erreurs qu'il commet à cette occasion.*

Je n'avais donc pas besoin (comme M. Fétis le suppose gratuitement, p. 41), pour me faire une « opinion concernant les harmonies » admises dans la musique des Grecs, d'avoir recours à un fragment » qui se trouve dans un manuscrit grec de Paris et dans un autre de » Munich, fragment déjà publié par Zarlino, en 1588, dans ses « *Sopplimenti musicali* ». J'ignorais d'ailleurs que Zarlino avait eu connaissance du fragment en question et en avait tiré les mêmes conséquences qui se sont plus tard présentées à mon esprit; sans cela, on peut bien le croire, je n'aurais pas manqué de me prévaloir de cette circonstance si favorable à mon opinion.

Je suis bien loin toutefois de trouver à ce document la même valeur démonstrative qu'aux précédents et à ceux que j'ai encore à examiner, car on peut voir avec quelle réserve je me suis exprimé à son sujet: « La disposition des notes de ce morceau, ai-je dit (*Notices*, p. 255), » *ne permet guère* de le considérer autrement que comme une gam- » me de cithare, exécutée de la main droite tandis que la main » gauche y fait un accompagnement ». Et plus loin (p. 256): « Mais » une chose plus étonnante à signaler est l'apparition et le mode » d'emploi de deux paires de notes pour lesquelles *je ne vois* d'in- » terprétation possible qu'en les considérant comme des sortes de » pédales... Ces deux pédales *supposées* (que nous nous sommes » *abstenu de noter* dans la traduction par la raison que leur exis- » tence *n'est que conjecturale*) formeraient, avec les deux notes » graves, *la*, *ré*, de notre gamme de cithare, l'accord parfait ma- » jeur de *ré*, remarque dont *nous ne prétendons toutefois rien* » *inférer...* » Et plus loin encore: « *Je ne saurais dire... Peut-* » *être..... Cependant.....* » etc., etc.

Eh bien! qui le croirait? au lieu de voir dans cette hésitation la preuve que, pour formuler une opinion, il faut que je la sache bien et dûment fondée, M. Fétis y trouve au contraire contre moi un prétexte d'argumentation ironique et provocante. « D'où vient donc » à M. Vincent cette timidité? » dit-il (p. 47). « Il ne prétend » rien inférer de ses remarques sur les deux notes de pédale *qu'il a* » *reconnues* dans les deux signes du fragment! N'est-ce pas lui qui » a dit, à propos de l'explication du douzième problème, que la » manière d'employer certaines notes dans les accompagnements con- » sistait le plus ordinairement à en faire des espèces de pédales ou de » bourdons? Certes, *le cas n'est pas douteux ici*, si le fragment » est une gamme de cithare harmonisée, ainsi que le pense M. Vin- » cent; les signes sont plus ou moins persistants, et indiquent *sans* » *nul doute*, la permanence de certains sons. Il n'y a donc rien à » inférer: *il faut simplement traduire*. C'est ce que je vais faire » *d'après les indications* du savant académicien, etc. »

Et là dessus, M. Fétis de poursuivre à outrance, absolument comme un homme qui croit avoir trouvé une bonne occasion de pourfendre son adversaire, et qui craint de la laisser échapper: Heureusement pour moi, les coups portés par M. Fétis se retournent contre lui: car ici encore il fait voir combien il est peu familiarisé avec les principes de la musique des Grecs. D'ailleurs, les conséquences qui lui servent de prétexte pour me combattre lui appartiennent entièrement, comme je vais le démontrer.

Mais pour cela il faut que je reprenne tout ce chapitre de M. Fétis, et que je l'analyse en quelque sorte phrase à phrase.

« Les mots placés entre parenthèses, dit il (p. 43), les mots » κατὰ κιθαρῳδίαν (pour le jeu de la cithare) sont ceux qui ont fait croire » à M. Vincent que le tableau est celui d'une gamme de cet instru- » ment avec un accompagnement »..... Mais « une observation fort » simple, dit-il plus loin (p. 51), suffit pour démontrer que ce tableau » ne représente pas une gamme de cithare, à savoir, qu'à aucune » époque cet instrument n'a été monté d'un nombre de cordes suffi- » sant pour faire entendre tous les sons exprimés par les signes qu'on

» y voit. Cet instrument, fort borné, s'accordait en raison du mode
» et du genre. Il n'eût pas fallu moins que *dix-huit* cordes pour la
» production de tous ces sons, et l'épigone seul y eut pu suffire.
» C'est ainsi qu'on voit s'écrouler le fragile échafaudage sur lequel on
» a essayé d'établir la réalité d'existence de l'harmonie chez les
» Grecs. Cependant tel est le danger d'une erreur lorsqu'elle a pour
» elle l'autorité d'un savant recommandable à plusieurs titres, que,
» sans en discuter l'origine et la valeur, des érudits, des archéolo-
» gues, des critiques l'adoptent et la propagent. C'est ce qui est
» arrivé en France pour la question de l'harmonie chez les anciens,
» depuis la publication du travail de M. Vincent. »

J'avouerai avec franchise que si j'ai copié cette longue phrase,
c'est uniquement à cause de la satisfaction qu'elle m'a procurée :
car M. Fétis s'abuse étrangement lorsqu'il croit avoir détruit *un
fragile échafaudage* en observant simplement qu'à aucune époque
la cithare n'a été montée d'un nombre de cordes suffisant pour rendre
un aussi grand nombre de sons. M. Fétis, citant le passage d'Ho-
mère (1) : πάϊς φόρμιγγι λιγείῃ Ἱμερόεν κιθάριζεν.... ne prouve-t-il
pas lui-même que les mots κιθαρῳδία, κιθαρίζειν, étaient des expressions génériques employées pour désigner, soit le jeu des instruments
à cordes, quels qu'ils fussent, soit le chant accompagné de ces
mêmes instruments ? Si cela n'était pas, il faudrait que chaque
instrument eut donné lieu à un mot composé analogue à κιθαρῳδία:
eh bien ! que l'on nous montre donc dans les lexiques ou dans les
textes, les mots qui expriment le jeu de l'épigone ou le chant accompagné du jeu de cet instrument !

Par supplément je pourrais alléguer, en outre, le passage de saint
Jérôme (dans sa lettre à Dardanus, citée par M. Fétis lui-même,
p. 103) où il est dit que *la cithare est un instrument triangulaire
composé de* vingt-quatre *cordes,* raison qui vaut à elle seule toutes
les autres.

---

(1) Mém., p. 79, n.e 3.

Cependant, je ne puis terminer mes observations sur le mot κιθαρῳδία, sans ajouter que la critique de M. Fétis, à la supposer fondée, ne le serait après tout que relativement à l'interprétation de ce mot pris en lui-même, sans que l'on pût rien en conclure contre le but du Tableau sous le rapport de la simultanéité des sons.

Enfin, que l'on me permette de donner encore, pour compléter ce qui est relatif au jeu de la cithare au moyen des deux mains, la traduction des six premiers vers d'une charmante épigramme de l'anthologie grecque, dont j'ai rapporté le texte dans les *Notices* (p. 288), et où l'on peut puiser plusieurs éclaircissements précieux pour l'objet en question. Voici ce commencement de traduction :

« Quelqu'un interrogeait le musicien Androtion, celui qui est » savant dans la cithare, et lui faisait cette question sur la science » de l'accompagnement (χρουματικὴ σοφία) : pourquoi, lui disait-on, » lorsqu'avec le plectre tu agites l'hypate qui est sous ta main » droite, la nète qui est sous ta main gauche vibre-t-elle d'elle- » même en rendant un petit son aigu ? Pourquoi celle-ci reçoit-elle » l'empreinte de la résonnance produite par une impulsion donnée » à la seule hypate ? etc., etc. »

Il reste *douze* vers à traduire, et la route à parcourir est encore longue ; je sais que je vais fournir à M. Fétis une occasion de dire que j'ai supprimé ces douze vers parce qu'ils m'embarrassaient ; eh bien ! je m'y résigne : j'espère que le lecteur voudra bien me croire sur parole si je lui affirme que le reste de l'épigramme n'a trait qu'aux sentiments sympathiques dont les deux cordes présentent, suivant le poète, un touchant exemple. Après cela, si je devais rencontrer chez mon lecteur moins de sympathie que la nète n'en a pour l'hypate, il ne me resterait qu'à le prier de recourir au texte lui-même, *loco laudato*. Tout ce que j'ai voulu prouver par cette citation, c'est 1° que *l'harmonie simultanée et naturelle des sons* faisait essentiellement partie de la *science croumatique*, et 2° que dans le jeu de la cithare, l'action des mains s'exerçait sur deux groupes de cordes ( droite et gauche ) parfaitement accoutumées à vibrer de concert , etc., etc. Mais cela ne suffit pas ; ainsi je passe à une autre phrase.

   » Il faut savoir aussi , dit plus bas M. Fétis , que la notation du » mode lydien avait deux sortes de paires de signes ; les uns ser- » vaient à l'usage habituel, lorsque le mode n'était pas dans le genre » purement diatonique , et que la fantaisie de l'artiste y introduisait » un ou plusieurs sons chromatiques ; mais lorsque dans le cours » d'un morceau, la mélodie passait d'un mode dans un autre , on » faisait usage de la notation qu'on appelait *commune du genre* » *diatonique,* parce que ces signes appartenaient à plusieurs modes. » Les signes de cette dernière notation sont ceux qui , dans le tableau » suivant, sont distingués par l'encre rouge : ils ne sont qu'au » nombre de quatre dans le mode lydien purement diatonique. Il » en est un cinquième pour la note appelée *trite diezeugménon* ( *la* ) » dans le tétracorde disjoint du même mode ; cette note , appelée » *caractéristique*, était faite ainsi E ⊔; elle remplaçait cette » autre paire de notes ⌐' N ( lisez ⌐ N). *

   J'ignore à qui appartient cette théorie toute nouvelle pour moi ; et je craindrais vraiment d'en faire à tort honneur ou reproche à M. Fétis. Ce serait bien à moi de dire ici : « D'où l'érudit dont j'exa- » mine l'opinion a-t-il tiré tout cela ? » Mais ce que je crois pouvoir affirmer avec certitude, c'est que ( pour me servir des expressions même de mon auteur), c'est une pure *fantaisie d'artiste :* car aucun des auteurs grecs que nous connaissons ne dit un mot de tout cela.

   La vérité est que la notation grecque , telle que la présentent les Tables d'Alypius , était fondamentalement composée de signes éche- lonnés par demi-tons ; et tous les degrés communs aux divers tons et modes étaient représentés par les mêmes signes, absolument comme dans la musique moderne. Tels étaient donc les signes que M. Fétis nomme *communs du genre diatonique :* ces signes com- muns à divers modes appartenaient tout aussi bien au genre chro- matique qu'au genre diatonique; ils pouvaient même appartenir au genre enharmonique , sous certaines conditions dont je ne saurais m'occuper ici. Seulement, lorsque les valeurs acoustiques de ces demi-tons, suivant le *ton* ou *trope* auxquels ils appartenaient, différaient sensiblement, on employait, dans ce cas, des *signes* que Gaudence (p. 23) nomme *homotones ;* et pour avoir un nombre suffisant d'homotones, les régulateurs de la notation dite pythagoricienne (Arist. Q., p. 28) avaient établi neuf degrés et neuf paires de signes par chaque intervalle de quarte, au lieu de cinq qui est celui des demitons, ainsi que je l'ai expliqué avec détails dans les *Notices.* (ibid. p. 126).

Quant aux notes rouges de M. Fétis, elles ne sont autre chose que les parhypates du trope lydien ; et la note que M. Fétis nomme *caractéristique* n'a rien en elle-même de plus caractéristique que les autres, puisqu'on la retrouve dans le trope hyperiastien comme *trite des conjointes* ( synemménon ). Cette note avait d'ailleurs pour homotone Γ Ͷ, et non Γ᾿ Ͷ comme le typographe le répète plusieurs fois. Consentant volontiers à mettre de même sur le compte de la typographie plusieurs autres fautes de notation que présente la page 44, je ne puis cependant me dispenser de faire une exception en observant que Ρ ℧ est homotone de Γ᾿ ℭ et non de Ϛ Ϛ. Quant à l'omission de la *paranète des disjointes* ( diezeugménon ), qui devrait figurer au nombre des cordes mobiles, je l'ai déjà signalée.

J'arrive à la page 45, où je remarque une erreur tellement singulière, que, pour me l'expliquer, je suis obligé de me rappeler le *quandoque bonus dormitat Homerus.* En effet, comment M. Fétis a-t-il pu voir, si ce n'est en songe, que les paires de notes Ξ ⌣ et Ξ᾿ ⌣ ᾿ *appartiennent au genre enharmonique dans le mode lydien ?* C'est une complète erreur : la première de ces paires de notes ne figure *à aucun titre* dans la notation du trope lydien des Tables d'Alypius; et elle ne paraît dans ces Tables que comme trite des disjointes du trope hypolydien, comme trite des conjointes du trope iastien, et comme parhypate des moyennes de l'hyperiastien ; d'où l'on voit qu'elle est homophone de Μ Γ, indicatrice *diatonique* des moyennes du trope lydien. De même pour la seconde paire, octave de la première, qui figure d'une manière analogue dans le tétracorde des *adjointes* (συνημμένων) du même trope hyperiastien , et représente par conséquent aussi la paranète diatonique du lyd'en.

D'un autre côté, si la note $\equiv$ ≍ représentait effectivement un quart de ton, comme le suppose M. Fétis , les règles habituelles de la notation grecque ( V. les *Notices*, ibid. p. 134 et suiv.) et l'ordre alphabétique des notes vocales $\equiv$, O , exigent impérieusement que ce quart de ton fût situé immédiatement au-dessus du *ré* ♯ (dans le système de traduction de M. Fétis), et non au-dessus du *mi.* La traduction en notes modernes a donc encore moins de réalité , s'il est possible, que l'hypothèse sur laquelle elle est fondée.

« Or , continue M. Fétis (p. 45) , les genres enharmonique et » chromatique n'étant jamais mêlés dans un mode , il s'ensuit que le » fragment n'est pas une gamme. » etc.

Or , dirai-je à mon tour , on vient de voir que dans le syllogisme de M. Fétis, la majeure est radicalement fausse ; que quant à la mineure, elle est contestable et ne roule que sur des mots ; donc la conséquence que M. Fétis tire de l'ensemble est absolument inadmissible.

Ce n'est pas tout : je vais montrer que ce quart de ton , évanoui si à propos pour moi , était destiné à servir d'amorce à une formidable batterie que le lecteur bienveillant ne verra pas démasquer sans frémir, en reconnaissant toute l'étendue du danger auquel je viens d'échapper.

« Qu'on imagine , dit M. Fétis (p. 46), l'effet de ces agrégations » de sons, de ces affreuses quartes, de ces dissonances [je le crois bien], de ces fausses relations [des suites de tierces, rien que cela], » de ces notes élevées d'un quart de ton ! » [Heureusement celles-ci sont absentes, comme on vient de le voir ! ] « Je doute » , continue mon critique , « qu'en présence de cette restitution de la prétendue » harmonie imaginée par M. Vincent,dans ce fragment, il y ait quel-» qu'un assez obstiné à trouver la réunion simultanée des sons chez « les Grecs, pour y voir une gamme de cithare exécutée par la main » droite, avec un accompagnement joué par la main gauche , et qui » n'y reconnaisse un tableau comparatif d'intervalles destiné a dé-» terminer leur justesse en faisant entendre , l'une après l'autre, les

» notes qui le composent, à l'aide des deux mains.... Au surplus,
» nous ne sommes pas au bout, et je n'ai point achevé de faire
« voir jusqu'où peut être conduit un savant homme par une idée
» fausse. »

Et là-dessus, malgré mes restrictions sur lesquelles j'ai insisté
plus haut au sujet de « ces deux pédales *supposées*, que je me suis
» abstenu, ai-je dit, de noter dans la traduction par la raison que
» leur existence *n'est que conjecturale* », M. Fétis, non content de
transformer en notes certaines ces signes douteux, mais profitant de
*l'inexpérience* qu'il me suppose, pour transporter au beau milieu de
la série des accords *écrits par lui-même*, ces deux pédales profondes,
n'hésite pas à mettre sous les yeux de ses lecteurs, en m'en faisant
tous les honneurs, bien entendu, ce qu'il appelle avec juste raison,
un « tissus (*sic*) d'horreurs antiharmoniques, antitonales, ......
» qu'un peuple sensible, éclairé, merveilleusement organisé pour la
» poésie..... n'eût pu entendre sans frémir ». En cela, je suis complètement de son avis (1).

« Mais, poursuit M. Fétis, quelle que soit l'horreur que nous in-
» spirent ces aggrégations et toutes leurs successions, ce n'est rien en
» comparaison de ce qui résulterait de l'intonation dont A est le signe ;
» car M. Vincent a fait une supposition que rien n'autorise, lorsqu'il
» a dit que *cette lettre représente la corde appelée proslambano-*
» *mène*, c'est-à-dire la note la plus grave du mode ; car A est la

» note vocale commune de ⟨♪⟩ et de ⟨♪⟩ . »

Je copie textuellement. Ici tout est à recueillir : tout est également
précieux. J'avais dit que la paire de notes en question, « en prenant

_____

(1) Et qui donc pourrait entendre sans frémir la lecture du dictionnaire
de Berton ? Mais, soyons de bonne foi, sont-ce là des raisons sérieuses ? — Quant aux
signes dont il est question, je suis sûr de n'avoir dit nulle part un seul mot pouvant
exclure l'hypothèse, qu'ils pourraient être uniquement relatifs à l'exécution du
chant ou au maniement de la cithare. Je répète que *je ne vois pas*..., mais M. Fétis
prétend que *j'ai vu !*

» la note vocale pour un *α*, devait être, à en juger par son rang
» alphabétique, un LA, *octave grave de la proslambanomène du*
» *même trope,* représenté dans notre système moderne par

»

. »

Ainsi, dans le discours, on le voit, M. Fétis transporte d'abord la
note à une octave aiguë; puis, par un artifice d'écriture musicale, il
lui fait franchir une seconde octave aiguë, total : deux octaves à
l'aigu ! On conviendra que c'est beaucoup trop d'élévation pour une
humble pédale qui n'est même pas sûre de son existence; ce que c'est
pourtant que l'inexpérience des choses !

Avec cela, si M. Fétis veut prendre la peine d'exécuter lui-même
sur le clavier, le morceau tel qu'il l'a écrit, en ayant surtout le soin
préalable de préparer l'accord de son instrument par quelques coups
de clef donnés aux bons endroits, à seule fin, comme l'on dit vulgairement, d'introduire les quarts de ton *qu'il y a reconnus,* j'ose lui
promettre un succès triomphal à son premier concert historique ; qu'il
comprenne bien que tout l'honneur lui en doit revenir : c'est justice !

Il semblerait que le sujet (la gamme de cithare) soit épuisé : mais
j'en demande pardon au lecteur; il est nécessaire que je le retienne
encore quelque temps sur cet article; et la chose en vaut la peine :
car nous trouvons ici un exemple on ne saurait plus curieux, des procédés de démonstration de M. Fétis.

« Je dis, continue-t-il, qu'elle est une note commune, parcequ'elle
» représente également la nète synemménon du mode éolien dans le
» genre chromatique; la paranète synemménon du mode hypophry-
» gien du même genre; la nète diezeugménon du mode iastien du
» même genre, la paranète hyperboléon du mode dorien du même
» genre; la nète synemménon du mode éolien dans le genre
» enharmonique; la mèse du mode hyperéolien du même genre; la
» nète diezeugménon du mode iastien du même genre; la nète hyper-
» boléon du mode hypoïastien du même genre; la paramèse du mode
» hyperiastien *idem*; la paranète hyperboléon du mode dorien *idem*;

» et la paranète diezeugménon du mode hyperdorien *idem.* On voit ce
» que ferait cette note dans son alliance simultanée avec les trois au-
» tres de chaque groupe. La réunion de tous ces sons est une absur-
» dité dans le but qu'on se propose, à savoir, d'établir l'existence
» de l'harmonie dans la musique des anciens. »

En voyant cette effrayante énumération des divers usages musicaux d'une même lettre (la lettre Λ), on se demandera naturellement
si cette énumération est bien exacte et si elle n'est pas exagérée. Or,
tout au contraire, on ne peut se dispenser d'y introduire encore les
additions et les modifications suivantes :

1° Il faut d'abord *corriger* une faute d'impression à la 3ᵉ ligne, en
écrivant hyperphrygien au lieu de hypophrygien (1).

2° Partout où il est question d'une mèse, d'une paramèse, ou
d'une nète, *il faut effacer* la mention du genre, puisque ces notes,
étant stables, appartiennent également aux trois genres. Ce sont *sept
nouvelles fautes à corriger,* que je ne saurais, malgré toute ma
bonne volonté, porter sur le compte de l'imprimeur, et dont je ne puis
dissimuler la gravité parce qu'elles dénotent autant d'idées fausses.

3° Par suite, *il faut effacer* l'une des deux nètes diezeugménon
du trope iastien qui se trouvent en double emploi.

4° Maintenant, *il faut ajouter* à l'énumération précédente, la
mention des cinq cordes suivantes (qui sont toutes des paranètes) :

(*a*) La paranète hyperboléon du trope hypoéolien dans le genre diatonique (je dis *trope* et non *mode,* par les raisons déjà expliquées :
quant au genre, il est nécessaire à mentionner pour les paranètes) ;

(*b*) La paranète diezeugménon du trope éolien dans le genre diatonique (laquelle ne fait pas double emploi avec la nète synemménon,
par les raisons données précédemment) ;

---

(1) Cette correction et toutes les suivantes peuvent être vérifiées sur les Tables
d'Alypius, dans Meybaum, ou, à leur défaut, sur le Tableau synoptique qui les
résume et que j'ai inséré dans les *Notices* (ibid., vis-à-vis de la page 128).

(*c*) La paranète synemménon du trope hyperdorien dans le genre diatonique ;

(*d*) La paranète diezeugménon du trope hyperdorien dans le genre chromatique ;

Enfin (*e*) la paranète synemménon du trope hyperphrygien dans le nre enharmonique.

5° Tout cela fait , il est *indispensable d'ajouter* à la mention de la note vocale A, celle de la note instrumentale conjuguée qui est un accent grave , $\H{\alpha}\lambda\varphi\alpha$ $\varkappa\alpha\iota$ $\beta\alpha\rho\epsilon\tilde{\iota}\alpha$ A \ (on va comprendre la nécessité de cette addition : car)

6° *Ce n'est pas tout :* Il est question d'un $\alpha$ , mais il faut tenir compte du rang de l'alphabet particulier auquel il appartient, puisqu'il y a plusieurs alphabets employés simultanément dans la composition de la notation , circonstance d'une importance capitale dans la question actuelle , aussi capitale que celle de l'octave dans laquelle on doit placer une pédale , ce dont M. Fétis a également négligé de s'occuper.

Or, nous avons à ajouter pour ce chef :

(*a*) la nète du trope hyperéolien , octave aiguë de la mèse de ce trope, et représentée en conséquence par la même notation A' \ affectée d'un accent aigu (comme dans toute la partie aiguë des Tables , à partir de la nète du trope iastien) ;

(*b*) l'indicatrice chromatique du tétracorde des moyennes ($\mu\acute{\epsilon}\sigma\omega\nu$) dans le trope hypoéolien , représentée par un *alpha* et un *digamma*, l'un et l'autre renversés $\forall$ $\dashv$ ;

(*c*) l'indicatrice enharmonique *idem* , *idem* , *idem ;*

(*d*) l'indicatrice chromatique du même tétracorde dans le trope hypolydien , représentée de même ;

(*e*) l'indicatrice enharmonique *idem* , *idem* , *idem ;*

(*f*) l'indicatrice chromatique du tétracorde des fondàmentales ($\acute{\upsilon}\pi\alpha\tau\~\omega\nu$) dans le trope éolien , représentée de même ;

(*g*) l'indicatrice enharmonique *idem* , *idem* , *idem ;*

(*h*) l'indicatrice chromatique du même tétracorde dans le trope lydien, représentée par les mêmes notes traversées d'une barre Ⱶ Ⱶ (1);

(*i*) et enfin l'indicatrice enharmonique *idem*, *idem*, représentée par la même notation sans barre.

Ce travail effectué, nous avons une liste exacte des *vingt-quatre* cordes (qui pourtant se réduisent à *trois*) représentées par la lettre α, au lieu de *dix* que donne M. Fétis et qu'*il croit* suffisantes.

Mais cette énumération était-elle nécessaire ? — Nullement.

Pourquoi M. Fétis a-t-il tenté de la donner ? — Parce que j'avais indiqué la lettre α comme *paraissant* représenter *l'octave grave* de la proslambanomène du trope lydien.

Pourquoi ai-je donné cette indication ? — Evidemment, M. Fétis n'en sait rien ; et par suite il ne sait pas non plus pourquoi lui-même a donné sa liste.

J'ai eu tort de me rappeler ici l'axiome *intelligenti pauca*. Il faut donc que je revienne sur ce sujet, et que je dévoile aux yeux de M. Fétis le piége que je lui ai tendu sans m'en douter, et dans lequel il est tombé par sa faute.

Or, on sait que la notation vocale de la musique des Grecs se compose de séries alphabétiques successives, dont les caractères se modifient en passant d'un alphabet à l'autre, afin de pouvoir se distinguer les uns des autres tout en conservant le même nom.

De plus, dans le XVIᵉ volume des *Notices* etc. (p. 129), j'ai énoncé en lettres capitales et démontré ce THÉORÈME PREMIER ET FONDAMENTAL, savoir : que *La notation pythagoricienne correspond à une division de l'octave en* 21 *diésis ;* ou en d'autres termes, qu'il y a 21 caractères alphabétiques employés par chaque octave : 3 de moins qu'il n'y a de lettres dans l'alphabet grec.

Maintenant, notre ϰ ayant une forme différente des trois α divers

---

(1) **Cf.** Les *Notices*, p. 353, n.ᵉ 2.

mentionnés ci-dessus, doit nécessairement être le commencement d'un quatrième alphabet qui dépasse (vers le grave) les Tables d'Alypius. Or, la dernière note (au grave) de ces tables est un φ, lettre après laquelle il n'en existe plus que trois : χ, ψ, ω. Notre α viendrait après ; et, en comptant une tierce mineure pour ces quatre degrés *(ibid)*, il indiquerait *un ton et demi* au-dessous de la proslambanomène du trope hypodorien, c'est-à-dire, en définitive, deux quartes et un ton ou *une octave au-dessous de la proslambanomène du trope lydien :* C. Q. F. D.

Je répète ma conjecture : *si c'est une pédale*...... Mais M. Fétis ne l'adopte pas cette conjecture ; il a beaucoup mieux à faire, comme on va le voir.

» Quel était donc, dit-il (p. 49), l'objet du fragment dans lequel
» M. Vincent a vu une gamme exécutée par une main sur la cithare,
» pendant que l'autre main y aurait fait un accompagnement harmo-
» nique ? Je l'ai déjà dit. »

En effet, on trouve cette phrase à la page 45 du Mémoire de M. Fétis. « D'après ces données, il est facile d'analyser le fragment
» publié par M. Vincent et les conséquences qu'il en a tirées. Le
» titre du fragment ἡ κοινὴ ὁρμαθία ἡ ἀπὸ τῆς μουσικῆς μεταβληθεῖσα
» signifie exactement : *la série commune à l'égard des* (cordes)
» *mobiles de la musique.* Il n'y est point parlé, comme on voit,
» d'une gamme de cithare. »

Ainsi donc, on aurait sous les yeux, suivant M. Fétis (p. 47),
« un tableau comparatif d'intervalles destiné à déterminer leur jus-
» tesse en faisant entendre, l'une après l'autre, les notes qui les
» composent, à l'aide des deux mains. »

Je ne demanderais pas mieux que de partager la confiance de M. Fétis dans ce qu'il appelle *l'exactitude* de sa traduction, et de croire avec lui qu'il n'est point question de gamme de cithare. Mais pour cela, il y aurait quelques conditions à remplir. Il faudrait prouver :

1° Qu'une gamme n'est pas une *série* de sons ;

2° Que μεταβληθεῖσα ne saurait se traduire autrement que par les mots *à l'égard des* (cordes) *mobiles*, et ne saurait s'entendre d'un *changement*, d'une *transformation*.

Il faudrait prouver 3° que le mot μουσική ne représente jamais, dans une acception spéciale il est vrai, *l'instrument inventé par Pythagore* lui-même pour étudier les rapports des sons : ὄργανον ὃ κέκληκε ΜΟΥΣΙΚΉΝ, à la suite de sa fameuse expérience (V. les *Notices*, ibid., p. 268, 269) sur les poids des *vases* (et non des *marteaux* (1)) qu'il avait entendu frapper chez un chaudronnier.

4° Il faudrait que κιθαρῳδία ne fût point un terme générique applicable, comme je l'ai fait voir plus haut, à tous les instruments à cordes pincées.

5° En somme, il faudrait que la phrase entière ne pût être tra· duite ou expliquée à peu près comme il suit : « La série commune » de ssons ou la *gamme commune, modifiée, perfectionnée d'après* » (ἀπὸ) *l'invention de l'instrument nommé* MUSIQUE (par Pythagore), » *conformément au jeu de la cithare* ».

Maintenant, permis à M. Fétis de préférer sa traduction *exacte :* je m'en rapporte aux hellénistes.

M. Fétis n'en poursuit pas moins à la page 49 : « Je l'ai déjà dit : » ce (fragment) est un tableau comparatif qui paraît avoir eu plu· » sieurs destinations. La première se révèle, et par le titre de ce » même tableau et par les inscriptions placées à côté des dix premiè- » res notes de la main droite. Le titre ne laisse pas de doutes, car il » dit : *série commune dans ses rapports avec les mobiles* (sous- » entendu cordes (2)) de la musique. Quels sont ces rapports? Les in- » scriptions nous l'apprennent. »

---

(1) J'ai démontré, il y a plus de dix ans, l'existence de cette méprise qui remonte assez haut, et dont la cause est tout simplement que l'on avait lu σφῦρα, *marteau*, au lieu de σφαῖρα, *corps rond* (V. les *Notices*, ibid). On n'en répétera pas moins longtemps encore, que c'est par *le poids des marteaux* que Pythagore, etc., etc.

(2) Parenthèse de M. Fétis.

Mais d'abord, où M. Fétis voit-il *des mobiles*, appliqué à *cordes* sous-entendu? Est-ce dans le féminin singulier μεταϐληθεῖσα? Est-ce que ce dernier mot ne se rapporte pas évidemment à ὁρμαθία? Quel rôle joue la préposition ἀπό dans l'interprétation *exacte* de M. Fétis? Est-ce elle qui nous vaut l'expression *à l'égard de?*... En vérité, je reste confondu.

« M. Vincent, continue mon adversaire, déclare qu'il ne saurait » dire *quel rapport cette énumération peut avoir avec la gamme* » *de la cithare :* ce rapport n'est pourtant pas difficile à découvrir » [tant mieux! au moins nous allons savoir quelque chose]; « et » l'on peut s'étonner qu'un savant *si sagace et si ingénieux* n'en ait « pas pénétré le sens. »

Merci encore une fois, Monsieur, je ne suis pas assez sagace pour vous comprendre. — M. Fétis poursuit :

« La table qu'il en donne » [ ce savant si sagace et si ingénieux ; sous-entendez : que je saurai pourtant bien tailler en pièces] « est » incomplète, car il y manque la première inscription, laquelle fait » connaître que *le signe est une des notes stables* communes des » trois tropes lydiens ».

Pardon, Monsieur, vous dites plus bas que : « les inscriptions ne » se rapportent qu'à la colonne de la droite » ; vous parlez alors du signe Φ F qui est le premier à droite. Il est bien vrai que ce signe est stable(1) dans *huit* tropes différents, au lieu de *trois* que vous signalez; mais par malheur, un seul des trois tropes lydiens se trouve parmi ces *huit ;* et pour comble d'infortune, celui-là est le seul des trois qui ne soit pas même mentionné dans le fragment (2) !

---

(1) Il faut distinguer entre le *son* et le *signe*. Le son ou plutôt le *ton* est variable avec le genre; mais le *signe* des parhypates est le même pour tous les genres (V. les Tables d'Alypius).

(2) Dans les deux autres tropes, la même note représente une indicatrice : donc *elle n'est pas stable*.

Mais continuons : « la seconde inscription indique que l'hypate »
(sous-entendu *des moyennes* du trope lydien, Ϛ Ϛ) « est commune
» avec la mèse du mode hypolydien » : c'est vrai, et encore avec *neuf*
autres notes, ce qui fait *onze* en tout (V. les Tables d'Alypius).

« La troisième, que la note (O K) du chromatique lydien est
» commune avec la paramèse de l'hypolydien *diatonique*. »

Suppléez ici les mots *indicatrice des moyennes* après le mot *note ;*
et en admettant avec M. Fétis qu'il fallût changer *hyper* en *hypo*
comme il l'a fait, retranchez le mot *diatonique*, parce que la paramèse est une corde stable ; puis ajoutez, comme plus haut, que la
note est commune à 11 tropes différents au lieu de 2.

« La quatrième, que la note (Ξ ⊻ ) est commune entre la trite
» diézeugménon du mode hypolydien *enharmonique* (lisez *diato-*
» *nique )* et la trite synemménon du mode *hyperiastien* (lisez *du*
» *trope iastien* ) diatonique ».

Ajoutez : *et à la parhypate des moyennes du trope hyperiastien.*

« La cinquième, que la note ( I < ) est commune entre la mèse du
» mode lydien et la parhypate méson du mode hyperéolien *chroma-*
» *tique* » ; pas plus chromatique que diatonique ou enharmonique :
quoique les parhypates soient des cordes mobiles, leurs signes de notation sont communs aux trois genres. — (V. les deux *notes* précédentes, p. 44, et Comp. les *Notices,* p. 135.)

N'oublions pas d'ajouter que la note I < n'est pas seulement commune aux *deux* cordes citées : elle se trouve à *douze* places différentes
dans les Tables d'Alypius.

. . . . . . . . .

Je ne suis qu'au milieu de l'énumération, et j'aurais encore à signaler des *paramèses diatoniques*, des *nètes enharmoniques* ou *vice
versa ;* j'aurais à relever telle *trite* mise à la place d'une *paranète*, à
montrer comment, suivant M. Fétis, « la note E ⊔ est commune aux
« trites du mode lydien des trois genres », assertion absolument fausse
et même inintelligible, etc., etc. Mais le cœur commence à me man-

quer, et je crains d'effrayer mes lecteurs dont j'ai à réclamer encore un surcroît de patience. D'ailleurs, n'est-ce pas assez de *faits notoires*, de *faits palpables*, pour faire voir suffisamment de quel côté se trouvent les *suppositions fausses*, les « *erreurs si multipliées*, » que la critique se trouve dans le plus grand embarras pour procé-» der avec ordre à son travail de réfutation » (*Mém.* p. 65)? Je m'arrête donc brusquement dans l'accomplissement de cette tâche ingrate, et je saute d'un bond à la conclusion de M. Fétis :

« Il ne peut », conclut ainsi résolument l'intrépide logicien, « il ne » peut y avoir de doute sur la première signification du Tableau. »

A la bonne heure! *la cause est entendue*, comme on dirait au palais.

Il est pourtant nécessaire encore, qu'avant de passer à un autre exercice, je copie quelques phrases dont j'ai à prendre acte pour ce qui suivra.

« Mais les inscriptions, continue M. Fétis, ne se rapportent qu'à la » colonne de droite ; on peut donc demander quelle est la destination » de la colonne de gauche? On peut faire aussi la même question à » l'égard des doubles signes qui se trouvent dans chaque colonne. » S'il ne nous était DÉMONTRÉ » [en effet, on ne peut avoir oublié cette mémorable démonstration] « s'il ne nous était *démontré par l'analyse* » *qui vient d'être faite que l'harmonie n'en est pas l'objet*, nous » pourrions hésiter ; mais il est évident que les correspondances des » signes ont simplement pour but *d'établir des rapports d'inter-* » *valles et de déterminer la justesse des intonations.* »

Je dois rappeler ici que ces intervalles dont il s'agit de déterminer la justesse, ne sont rien moins que d'*affreuses quartes*, comme les appelle M. Fétis, auxquelles il faut ajouter un certain nombre de *tierces*, lesquelles s'y trouvent en majorité (1). Or, il résulterait de

---

(1) Quant aux *secondes*, je suis très-disposé à croire qu'elles résultent de quelque inexactitude dans la transcription ; il faut apprécier l'ensemble, en attendant que la découverte de quelque manuscrit permette de mieux fixer les détails.

l'opinion de M. Fétis, que la justesse de ces agrégations de sons est plus facile à constater dans leurs résonnances successives que dans leurs vibrations simultanées. Le plus méchant ménétrier de village en sait assez pour décider la question. Pour qui donc M. Fétis nous prend-il?

## § VI. — *Explication d'un passage d'Horace où M. Fétis a cru voir la diaphonie.*

Ces tierces me ramènent au *distique* ou (si M. Fétis y tient) aux deux vers d'Horace :

> Sonante mistum tibiis carmen lyra,
> Hac dorium, illis barbarum :

vers dont j'ai cru pouvoir, dans les *Notices* (p. 155), expliquer le sens par un contrepoint à la tierce ; mais la légitimité de mon explication est contestée dans le Mémoire que je combats, d'abord p. 19 et suiv., ensuite p. 69.

M. Fétis, pour la réfuter, commence (p. 19) par chercher à établir qu'à l'époque d'Horace, tous les modes étaient semblables entre eux en ce sens, que « les demi-tons occupaient la même place dans » tous les modes, en sorte qu'il n'y avait pour eux qu'une seule » espèce d'octave ». Ces modes différaient, toujours suivant M. Fétis, des sept modes « qui furent en usage dans les temps de Pythagore et » d'Aristoxène......... et dont le principe était analogue à celui de » la tonalité du plain-chant, en ce qu'il reposait sur une seule gamme » diatonique.... dont les demi-tons changeaient de place à chaque » mode et formaient conséquemment sept espèces d'octaves...... » Ainsi, le principe avait changé, et les noms avaient été trans- » posés. »

Mais j'ai démontré plus haut que M. Fétis est dans une complète erreur sur ce point, parce que, en croyant ne faire que distinguer les époques, il a, au contraire, constamment confondu deux choses essentiellement différentes, les modes et les tons ; et si l'ordre des noms a été, non pas seulement *changé,* mais même complètement interverti, cela tient à une raison que j'ai expliquée précédemment.

Ainsi donc, M. Fétis se fait une étrange illusion lorsqu'il prétend (p. 71) « avoir démontré invinciblement que (les deux vers d'Horace) » ne peuvent se rapporter qu'à une magadisation de quartes ou de » quintes, c'est-à-dire à la diaphonie des siècles de barbarie qui sui- » virent la chute de l'empire romain et qui n'a pas disparu dans le » moyen-âge ». D'où il suit que M. Fétis s'abuse lorsqu'il ajoute : « Le même chant, exécuté simultanément dans deux modes diffé- » rents, ne peut produire autre chose ». Il est parfaitement clair, d'après les explications mêmes de M. Fétis, que dans sa pensée, la dernière phrase s'applique *aux tons* tels que nous les entendons, *non aux modes* dont j'ai suffisamment rappelé la nature ; enfin, il n'est pas moins clair qu'en écrivant le mot *mode,* M. Fétis n'a fait que mettre en pratique la théorie erronée qui lui fait confondre les modes avec les tons.

D'après ma manière de voir, au contraire, les vers d'Horace peuvent parfaitement produire, par exemple, un des deux résultats que j'ai représentés dans la fig. IV, pl. II. Ce qui fournit, comme on le voit, deux solutions. Dans la première, d'après la théorie des modes telle que je l'ai donnée, la lyre joue dans le mode dorien et la flûte dans le mode phrygien (ou plutôt hypophrygien), et par conséquent barbare (2). Les conditions du problème sont donc satisfaites. Il en est de même dans la seconde solution où la flûte joue dans le mode *lydien* (système conjoint) et la lyre dans le mode hypodorien.

Est-ce à dire qu'à cela il n'y ait aucune objection à faire ? Il y a, je m'empresse de le dire, une objection que M. Fétis ne m'a pas faite, et qui cependant est assez sérieuse peut-être pour mériter une ré-

(2) *Voir* Burette : *Sur la symphonie des Anciens* (Acad. des Inscr., t. IV, p. 122).

ponse. Cette objection la voici : c'est que , d'après la division du monocorde suivant les principes d'Euclide, tous les tons étant majeurs , les tierces sont dissonnantes. En effet , le *diton*, pris pour tierce majeure , est alors représenté par $\left(\frac{9}{8}\right)^2 = \frac{81}{64}$ , nombre dont le logarithme acoustique décimal (V. les *Notices*, p. 400 , Tabl. B.) a pour valeur 20,301 , au lieu que la tierce majeure consonnante $\left(\frac{5}{4}\right)$ n'a pour logarithme que 19,316, ce qui donne une différence *en plus*, de 1,075 c'est-à-dire plus d'un *comma décimal,* tandis que la tierce majeure tempérée ou usuelle ne donne pour différence que 0,301 , c'est-à-dire moins d'*un tiers de comma.* Or, cette erreur est parfaitement tolérée par l'oreille , et la première ne l'est pas (Voyez le *Mémoire* de mon savant ami M. Delezenne, dans le Recueil de la Société des Sciences etc., de Lille , année 1827, p. 14) (1).

Il en est de même de la tierce mineure canonique , représentée par $\frac{9}{8} \times \frac{256}{243} = \frac{32}{27}$, si on la compare à la tierce mineure consonnante $\frac{6}{5}$ : la première a pour logarithme acoustique décimal le nombre 14,707, et la seconde le nombre 15,782 ; différence *en moins,* 1,075, numériquement égale à celle que présentait la tierce majeure (ce qui devait être, puisque, de part et d'autre, les deux tierces se complètent pour produire la quinte juste). Or, la tierce mineure tempérée ne donne que 0,782, ou *trois quarts* de comma environ, de différence ou d'erreur, au lieu d'*un comma plus* 0,075.— Mêmes conséquences que plus haut.

Cette objection, je le répète , est assez sérieuse pour qu'il ne soit pas permis de la dissimuler. Heureusement la réponse se présente d'elle-même. Gaudence ne dit-il pas (p. 11), au sujet des sons *paraphones (sons intermédiaires entre les consonnances et les dissonances)*, qu'ils paraissent consonnants *dans l'accompagnement,*

---

(1) Il faut observer toutefois , pour la rigueur de la démonstration , que M. Delezenne prend pour comma unitaire l'excès du ton majeur sur le ton mineur, c'est-à-dire la fraction $\frac{81}{80}$ qui est contenue dans l'octave entre 55 et 56 fois, tandis que le comma décimal y est contenu 60 fois exactement. Mais la différence, dont il serait d'ailleurs facile de tenir compte , ne change rien aux conclusions.

ἐν τῇ κρούσει? ( ce que Meybaum a eu tort de traduire par ces mots :
*in mistione*, en changeant arbitrairement κρούσει en κράσει ). Gaudence explique d'ailleurs d'une manière plus précise ce qu'il entend
par sons paraphones, et il en donne précisément pour exemple la
tierce majeure et le triton. Quant à la tierce mineure, *il ne l'exclut pas*
comme l'affirme à tort M. Fétis ( p. 69 ) ; seulement il n'en parle pas ;
je répète que Gaudence, en citant la tierce majeure, ne prétend donner
qu'un exemple. On doit admettre de plus, cela va sans dire, qu'où
le triton est admis, la tierce mineure ne peut être exclue.

Il est donc certain que les tierces, quoiqu'elles ne fussent pas prises
théoriquement pour des consonnances, étaient considérées comme
telles dans la pratique des artistes.

Or, dans les beaux-arts, les règles ne s'établissent pas *à priori ;*
c'est la pratique qui les dicte ; la théorie ne fait que les enregistrer.
D'ailleurs, sans qu'il y eût pour cela dissentiment reconnu entre
l'une et l'autre, il me parait parfaitement admissible que dans un
temps où les méthodes d'expérimentation étaient bien loin de la per-
fection où elles sont parvenues de nos jours, on se fît assez facilement
illusion sur les phénomènes, de telle manière que les artistes exécu-
taient leurs mélodies vocales ou instrumentales en suivant d'instinct
les consonnances exactes, tandis que les canonistes établissaient leurs
calculs conformément aux principes du genre *diatonique ditonié* de
Pythagore et d'Euclide, tout en croyant ne faire autre chose que
suivre la voie tracée par les artistes. En un mot, quelle que fût
l'école à laquelle on appartenait théoriquement, on était toujours,
même à son propre insu, Aristoxénien dans la pratique.

Ce qui confirme cette manière de voir, c'est que postérieurement,
et vers les temps de Didyme d'Alexandrie et de Claude Ptolémée,
nous voyons le *diatonique dur* (ainsi qualifié à cause de la grandeur
de son demi-ton $(\frac{16}{15})$ qui n'est autre que le demi-ton majeur de la musique moderne ) remplacer le *diatonique ditonié,* et conduire ainsi
aux tierces consonnantes (représentées par $\frac{5}{4}$ et $\frac{6}{5}$).

Je n'insiste pas sur ce point, persuadé que j'en ai dit assez pour
vaincre des scrupules de bonne foi, et peu soucieux d'entretenir
une polémique qui ne porterait que sur des arguties.

N'ayant point à défendre les raisons alléguées par le grand nombre des auteurs qui, antérieurement, avaient soutenu déjà l'existence de l'harmonie simultanée des sons chez les Anciens, je n'ai pas l'intention d'examiner le Mémoire de M. Fétis dans toutes ses parties. J'ai voulu me borner à ces deux points : Confirmer mes propres arguments, et les compléter.

Sous le premier rapport, je n'aurai plus à m'occuper que de la musique d'un fragment de Pindare, dont j'ai proposé un essai de traduction. Sous le second, j'ai à rappeler un argument tiré d'un passage de Plutarque, que j'ai donné dans *Le Correspondant* (septembre 1854), argument dont M. Fétis ne dit rien, et qui lui aura échappé sans doute parce qu'il ne se trouve pas dans les *Notices*.

§ VII. — *Explication bizarre proposée par* **M. Fétis** *pour un vase grec du musée de Berlin.* — *Perne calomnié et réhabilité.* — *Explication du même vase d'après un texte du grammairien Démétrius.*

Mais avant d'y arriver, je ne puis me dispenser, au sujet de l'accord de la cithare avec la flûte, de dire quelques mots encore d'une explication bizarre donnée par mon adversaire (p. 104 et suiv.), au sujet d'un vase grec du musée de Berlin (N° 626), précédemment décrit par Lewezow d'abord, ensuite par M. Gerhard, et représentant un concert de quatre musiciens ( V. Pl. III ) dont deux flûtistes et deux citharèdes. Ces quatre figures sont d'ailleurs accompagnées de *six lignes* de caractères disposés ainsi : 1° *Sur le premier flûtiste* (je copie M. Fétis) ; 2° *devant le premier flûtiste ;* 3° *devant le deuxième flûtiste ;* 4° *devant le premier citharède ;* 5° *devant le deuxième citharède ;* 6° *sous le deuxième citharède.*

Voici les conséquences que M. Fétis tire de l'état de choses ainsi décrit : « Nonobstant les négligences nombreuses dans la formation » des signes, dit-il....., il est de toute évidence que les *quatre* » *lignes verticales, placées devant les musiciens*, se composent » chacune des mêmes signes et dans le même ordre, signes dont » quelques-uns sont mal formés et dont d'autres sont plus ou moins » effacés. De leur identité résulte..... la preuve que les instruments, » quelle que fût leur nature et en quelque nombre qu'ils fussent, » jouaient à l'unisson le chant des voix dans les anciens temps, et n'y » ajoutaient aucune harmonie même à deux parties..... Les signes » ne sont qu'au nombre de quatre qui se reproduisent constamment » dans le même ordre, ce qui indique que le chant était une sorte de » *litanie* assez analogue à celles qui ont passé, avec leur nom, de » l'Eglise grecque dans le culte catholique romain. Par un examen » attentif, on voit que ces quatre signes, qui appartiennent à la no- » tation instrumentale, sont le cappa, l'epsilon tourné de droite à » gauche, l'iota et l'omicron, avec un petit appendice supérieur » etc., etc. »

En résumé, suivant l'auteur que je combats, la notation musi- cale n'est pas celle qu'Aristide Quintilien attribue à Pythagore ; elle appartient à un système beaucoup plus ancien rapporté par le même auteur, dénaturé par Meybaum, rétabli par Perne, et publié dans le troisième volume de la Revue musicale de M. Fétis lui-même.

Quant à la signification des quatre signes, ils représentent, tou- jours d'après le même savant, 1° *mi;* 2° *fa* $\frac{+}{+}$ ; 3° *mi demi-dièze, son enharmonique* formant l'intervalle du *quart de ton* entre *mi* et *fa*, enfin 4° *fa* naturel, ces quatre notes se succédant toujours dans le même ordre.

« Ici, continue M. Fétis, nous avons donc une nouvelle preuve » de la très-haute antiquité du sujet et du chant noté sur ce monu- » ment, puisqu'il appartient au genre enharmonique, le plus ancien » de tous.... Enfin, nous acquérons la preuve certaine, par l'iden- » tité des notations placées près des quatre musiciens, que ces

» instrumentistes jouaient tous le même chant à l'unisson , que leur
» accord était une simple *homophonie*, et nous en pouvons conclure
» que cette homophonie et l'*antiphonie* composèrent toute l'harmo-
» nie des Grecs. »

Voici maintenant les observations auxquelles peut donner lieu l'explication de M. Fétis.

Premièrement , il y a quatre musiciens et six lignes de caractères :
*ce n'est* donc *point* seulement *une ligne pour chaque musicien*. En
outre, de ces *six* lignes , *cinq* sont verticales, et *non pas quatre*
seulement comme le dit M. Fétis ; et la sixième ligne *n'est pas* placée
*sous* le dernier citharède comme le dit encore M. Fétis, *mais derrière,* et verticalement comme les quatre précédentes.

Les signes ne sont qu'au nombre de quatre et se reproduisent
constamment dans le même ordre : j'accorde volontiers ces deux
points (1) ; seulement le nombre des périodes n'est pas le même
pour toutes les lignes , ce nombre paraissant varier de 3 à 5.

Mais que dire maintenant d'une mélodie ( si l'on peut employer ce
mot en pareil cas ) dont toute l'échelle se compose d'*un ton majeur
divisé en trois parties !*

On se rappelle le tétracorde du temps de M. le comte de Robiano
( ci-dessus , p. 20 ) ; combien il s'est perfectionné depuis ! un chant
qui roule tout entier sur *un ton divisé en trois!* Voilà ce que
M. Fétis fait chanter en chœur à ses musiciens ; et voilà sans aucun
doute , ce que, dans un second Mémoire, il m'eût , par un nouvel
effort de son imagination , amené à les faire chanter en canon !
« Quelle harmonie ! » se serait-il alors écrié ; puis, frappant un double
coup : « quel genre , aurait-t-il ajouté, quel genre que le genre en-
« harmonique ! » Certes , ce n'était pas trop, pour conquérir un aussi

----

(1) Ceci, cependant, pourrait être sujet à contestation ; mais discutant avec l'honorable M. Fétis, j'ai tout droit de prendre acte à mon profit de deux propositions que
je crois vraies au fond, malgré l'extrême négligence avec laquelle sont tracés les
caractères. Au surplus , le défaut de périodicité ne détruirait nullement l'explication.

brillant résultat, de venir accuser Perne d'un oubli ou d'un manque d'intelligence dont cet auteur, aussi consciencieux que sagace, est loin de s'être rendu coupable, comme on va le voir.

« Un signe », dit M. Fétis citant sa Revue musicale, « un seul » signe, l'*iota*, a été omis par Perne dans sa traduction, *bien qu'il* » *l'ait donné dans le fac-simile* du manuscrit, soit par oubli, » soit.... qu'il n'en ait pas bien saisi la signification ». Or, pour faire comprendre au lecteur combien ces reproches sont mal fondés, il me suffira de lui mettre sous les yeux ce *fac-simile* et la traduction, tels qu'on les trouve dans la *Revue musicale*, tome III. Voyez ci-après, pl. II, fig. V.

On voit donc : 1° que Perne n'a point donné d'*iota* dans son *fac-similé*, et cela par une excellente raison, c'est que les manuscrits n'en ont pas et n'en doivent point avoir.

2° Que Perne ne pouvait saisir ni bien ni mal la signification d'une chose qui n'existe pas et ne saurait exister : car dans la seconde octave du tableau d'Aristide Quintilien, dont le fragment fait partie, *les quarts de tons ont été systématiquement supprimés* par l'auteur grec *qui a soin d'en avertir,* et en conséquence par Perne *qui ne manque pas de signaler cette circonstance.*

3° Nul doute que si Perne avait voulu, non pas traduire, mais indiquer ce quart de ton *qui n'est pas* dans Aristide Quintilien, il en aurait formé le signe par la règle générale, c'est-à-dire en prenant le caractère voisin, « mais posé différemment » (Perne, *Rev. mus.*, t. IV, p. 28 ).

Enfin, 4° lorsque M. Fétis place un *iota* qui n'existe pas, entre un α qu'il prend pour un ϰ, et un ο auquel il ajoute d'ailleurs fort gratuitement un appendice qui n'y est pas, c'est lui-même *qui ne saisit pas la signification* des notes, et qui *commet un oubli : celui du respect des textes.*

Au surplus, pour mettre le lecteur en état de juger en connaissance de cause, j'insère ici, dans toute sa naïveté, un *fac-similé* des inscriptions du vase, que M. Gérhard, le savant Conservateur du musée de Berlin, assisté de M. le professeur Friederichs, a bien voulu, à ma prière , faire relever de nouveau avec une exactitude scrupuleuse, et qui a été reproduit avec tout le soin possible par M. A. Bisson.

On le voit donc , il est entièrement faux que les caractères de la légende du vase sont des signes musicaux empruntés à la notation antérieure à Pythagore ; et , même en l'accordant, il ne subsisterait absolument rien des raisons que M. Fétis allègue pour se croire fondé à y voir le genre enharmonique. Aucun théoricien grec (1) n'autorise l'hypothèse d'un ton partagé *d'une semblable façon* en trois parties, soit égales, soit inégales. M. Fétis oublie certainement que ce qui constitue véritablement le genre enharmonique , c'est une division du tétracorde ou de la quarte en deux quarts de ton et un *diton* ou tierce majeure ; et Aristoxène établit positivement (Meyb. p. 67) qu'après deux quarts de ton de suite , on ne peut poser à l'aigu d'autre intervalle que ce diton.

Ce n'est pas tout : que le type du monument qui nous occupe remonte à une haute antiquité, c'est ce que personne n'a d'intérêt à nier. Mais encore la raison que l'on en donne ici est doublement fausse, d'abord parce que le prétendu genre enharmonique que M. Fétis avait cru apercevoir est totalement absent , et ensuite parce que M. Fétis

---

(1) Aristoxène , Gaudence , etc. , reconnaissent le *diésis triental* ou *tiers de ton* ; mais l'emploi en est tout différent (*Notices* , p. 10. n.º 5).

confond évidemment le genre harmonique d'Olympe (qui n'avait point de quart de ton malgré tout ce qu'on répète habituellement ) avec l'enharmonique postérieur. Le texte de Plutarque est formel à cet égard : « Pour l'enharmonique *serré* ou *dense* [ le πυκνόν ] qu'on » emploie aujourd'hui » ( c'est-à-dire pour le genre où l'on emploie le quart de ton ), « il ne semble pas, dit l'auteur ( *De la Mus.* ch. XI ), être de l'invention de ce poète (Olympe). Cela se compren- » dra plus facilement si l'on entend jouer de la flûte *suivant l'an-* » *cienne méthode.* Car il faut *en ce cas là* que le demi-ton...soit » *incomposé.* .... *Ensuite* on partagea en deux le demi-ton ... » ( Trad. de Burette ).

En présence d'un passage aussi catégorique, on doit bien voir que nonobstant toute contradiction entre les auteurs, l'emploi des quarts-de-ton ne saurait plus être invoqué comme signe d'ancienneté ; et l'on s'étonnerait à juste titre que M. Fétis eût eu recours à un pareil argument pour démontrer une chose qui n'est nullement en question , si l'on n'apercevait bien vite que la conséquence naturelle de l'existence de ces quarts de ton sur le monument, une fois admise, serait l'exclusion de l'harmonie, résultat que M. Fétis voulait établir. Et ici le savant Académicien que je combats, en introduisant dans le texte d'Aristide et dans le travail de Perne , cet *iota qui ne s'y trouve pas* ( je néglige les autres inexactitudes ), s'est exposé à l'inévitable accusation ( bien difficile à repousser ici ) de dénaturer les faits pour arriver à ses fins.

Mais, quand même il serait démontré que les signes en question sont bien des signes musicaux, et qu'ils représentent incontestable-ment un concert vocal et instrumental entièrement à l'unisson, qu'en résulterait-il en définitive ? A moins de vouloir commettre une nouvelle faute de logique en concluant d'un fait particulier à un principe géné-ral, M. Fétis lui-même n'a-t-il-pas détruit d'avance, sans s'en aperce-voir, la conséquence à laquelle il lui importait avant tout d'arriver ? N'a-t-il pas dit que « le chant (des personnages représentés sur le vase ) » était une sorte de *litanie* assez analogue à celles qui ont passé , » avec le nom, de l'Église grecque dans le culte catholique romain » ?

C'est ici, je crois, que se trouve la vérité. Eh bien ! si après avoir examiné et comparé les livres de chœur dont se servent au lutrin ou dans une procession, des chantres romains qui psalmodient une litanie, on allait en conclure que les peuples catholiques ne connaissent pas l'harmonie, ne raisonnerait-on pas exactement comme M. Fétis ? Si donc on peut voir ici *s'écrouler un fragile échafaudage*, ce n'est pas de mon côté, et ce n'est pas l'existence de l'harmonie chez les anciens qui s'en trouvera compromise.

La question reste donc entière ; et loin de chercher dans le monument lui-même des indices d'exécution en parties distinctes , comme je pourrais le faire avec avantage en examinant de près (v. la pl. III) la position des doigts des flûtistes, qui sont levés pour l'un, baissés pour l'autre, celle de la main gauche de chacun des citharèdes qui paraissent pincer ( sans se servir du plectre) diverses cordes de leur instrument, loin de chercher ici, dis-je, des arguties que le monument pourrait me fournir en faveur de ma thèse, j'admets que ces détails sont sans aucune importance, et qu'il s'agit de l'exécution d'une simple litanie. Je dirai plus : cette remarquable peinture vient , si je ne me trompe, illustrer d'une manière aussi admirable qu'inattendue, un passage non moins remarquable d'un traité de l'*Elocution* (Περὶ ἑρμηνείας ) attribué à un certain grammairien nommé Démétrius ( de Phalère ou d'Alexandrie).

« En Égypte, dit cet auteur ( ch. 71 ) , pour honorer les Dieux
» par des chants, les prêtres se servent des sept voyelles dont ils
» font entendre les sons alternativement; et, même sans flûte ni
• cithare, on entend avec plaisir le son de ces lettres à cause de
» son euphonie (1). »

Maintenant, examinons de près et dans toute son étendue, la

---

(1) Ἐν Αἰγύπτῳ δὲ καὶ τοὺς θεοὺς ὑμνοῦσι διὰ τῶν ἑπτὰ φωνηέντων οἱ ἱερεῖς, ἐφεξῆς ἠχοῦντες αὐτά· καὶ ἀντὶ αὐλοῦ, καὶ ἀντὶ κιθάρας, τῶν γραμμάτων τούτων ὁ ἦχος ἀκούεται ὑπ᾽εὐφωνίας.

légende que nous avons vue développée suivant *six* lignes, et où M. Fétis a lu les signes **K**, **E**, **I**, **O**, répétés indéfiniment ( ce qui avance incontestablement la solution de la question) ; consentons à lire la lettre **A** au lieu de la lettre **K**, ou plutôt encore au lieu de la lettre **X** (1); observons en outre que si la lettre **E** a paru renversée aux yeux de M. Fétis, c'est en raison de ce que, pour lire l'inscription, *il a, encore ici, mis les choses à rebours en les renversant* (v. ci-dessus, p. 17). Remarquons enfin qu'il n'y a pas trace d'appendice à l'*omicron*, comme nous l'avons déjà dit; et nous aurons alors, répétées indéfiniment, les quatre voyelles **A**, **E**, **I**, **O**, qui sont les plus sonores de toutes, et d'ailleurs les seules employées à cette haute époque (2).

Il est vrai cependant que Démétrius parle de sept voyelles, tandis que nous n'en avons ici que quatre; mais on m'accordera bien qu'il ne faut attacher aucun intérêt à cette différence uniquement due à ce que l'auteur, en donnant le nombre des voyelles usitées de son temps, oubliait, ou peut-être même ignorait, que ce nombre avait changé.

Conclusion : *point de signes musicaux* sur le monument ; *partant rien de prouvé*, quant à ces signes, ni pour ni contre l'emploi de l'harmonie simultanée des sons.

---

(1) Il est facile de comprendre comment un **A** de forme archaïque a pu dégénérer en **X** par la négligence du dessinateur : $\left( \mathbf{A} = \mathbf{A} = \mathbf{A} = \mathbf{X} \right)$.

(2) Des personnes compétentes à qui j'ai communiqué mon explication, pensent que ces quatre voyelles, outre leur valeur phonétique, auraient pu, en même temps, avoir une valeur tonique, représentant les sons du tétracorde, et indiquant le chant de cette mélodie antique par laquelle débute l'ode de Pindare ainsi que divers autres chants cités par M. Fétis, p. 52 de son *Mémoire*, n.° 5 (Cf. les *Notices*, ibid., p. 162).

**§ VIII.** — *L'existence de l'harmonie simultanée des sons résulte clairement d'un texte négligé de Plutarque.* — *Secondes, tierces, quartes et quintes, nettement accusées.* — *Réponse à diverses objections.*

Il me reste maintenant, pour achever de répondre à M. Fétis en ce qui me regarde personnellement dans son Mémoire, à examiner ce qu'il dit de mon interprétation du fragment de Pindare ; mais auparavant, il est nécessaire encore que je reprenne une preuve de l'emploi de l'harmonie chez les anciens, que j'ai donnée dans *Le Correspondant* ( septembre 1854, p. 903 ) et que M. Fétis a passée sous silence. Après quoi je viendrai au fragment de Pindare, qui doit présenter, en quelque sorte, l'application de ma théorie et le résumé de tout ce qui aura précédé.

Voici donc cette preuve qui me paraît tellement concluante, que, muni d'un pareil document, je renoncerais volontiers à toutes les autres, les considérant, en comparaison, à peu près comme non avenues. Et en effet, si les passages déjà examinés laissent quelque chose à désirer, en ce sens qu'ils n'indiquent pas d'une manière précise la nature des consonnances ou des dissonances que la musique ancienne employait dans la pratique, le suivant, au contraire, tout-à-fait explicite, ne peut donner lieu à aucune dénégation, à aucune incertitude ou objection sérieuse.

Daus ce texte de Plutarque, qui comprend la plus grande partie du chapitre XIX de son traité de la *Musique*, il s'agit de certains degrés de l'échelle mélodique, dont les poètes lyriques s'abstenaient parfois dans le chant, voulant par là imprimer à la mélopée un caractère plus noble et plus sévère. En voici d'abord la traduction à peu près telle que la donne Burette ; j'en présenterai ensuite l'explication en notation moderne.

« 1° Or, une preuve évidente », dit Sotérique dans ce dialogue, « que ce n'est point par ignorance que les anciens se sont abstenus » de la *trite* en chantant le mode *spondiaque*, c'est qu'ils ont em-

» ployé ce son ou cette corde dans le jeu des instruments. Car ils ne
» s'en seraient jamais servis en la mettant en consonnance avec la
» *parhypate,* s'ils n'eussent connu l'usage qu'on en pouvait faire.
» Mais il est manifeste que le caractère de beauté, qui naît du
» retranchement de cette *trite* dans le mode *spondiaque,* est ce qui
» les a déterminés, comme par sentiment, a conduire leur modulation
» jusqu'à la paranète » [en passant par dessus la *trite*].

« 2º On doit en dire autant de la *nète.* Car ils l'ont employée
» dans le jeu des instruments, tantôt en dissonnance avec la *paranète,*
» tantôt en consonnance avec la *mèse;* mais dans la mélodie ou le
» chant, ils n'ont pas jugé ce son convenable au mode *spondiaque.*

« 3° Ils en ont usé de même par rapport à la nète du tétracorde
» conjoint. Car, en jouant des instruments, ils la mettaient en dis-
» sonnance avec la paranète et la paramèse, et en consonnance avec
» [la mèse et] la *lichanos.* Mais dans le chant, ils n'osaient s'en
» servir à cause du mauvais effet qu'elle produisait. »

Tel est le passage de Plutarque traduit par Burette. Quant à moi,
sans chercher à expliquer ici ce que c'était que le mode *spondiaque*, parce que ce serait sortir entièrement de la question, je crois
devoir, pour ceux qui ne sont point familiarisés avec les principes de
la musique des Grecs, rappeler, en notes modernes, la signification
des autres expressions techniques employées par Plutarque.

Je dirai donc qu'en prenant pour *mèse* du mode dorien ou pour
tonique générale, la note *la* (Burette prend le *mi,* ce qui me paraît
moins convenable), on doit traduire :

| 1° Dans le système des tétra-cordes disjoints : | | 2° Dans le système conjoint : | |
|---|---|---|---|
| la nète | par *mi* | la nète | par *ré* |
| la paranète | *ré* | la paranète | *ut* |
| la trite | *ut* | la trite ou paramèse | *si ♭* |
| la paramèse | *si* | | |
| la mèse | *la* | la mèse | *la* |
| la lichanos | *sol* | la lichanos | *sol* |
| la parhypate | *fa* | la parhypate | *fa* |
| l'hypate *(non citée)* | *mi* | l'hypate | *mi* |

La signification très-claire et incontestable du passage de Plutarque est donc :

1° Que dans une certaine espèce de chant (que nous pouvons comparer à quelque mode psalmodique), la note *ut* ne se trouvait pas dans la mélodie ou partie vocale de ce mode, mais qu'elle était employée *dans le jeu des instruments* (comme dit Burette) en consonnance avec le *fa* ;

2° Que dans le même mode on s'abstenait du *mi* dans le chant, mais que l'on s'en servait dans la partie instrumentale, en dissonnance avec le *ré* et en consonnance avec le *la* ;

Enfin, 3° que dans un certain autre mode, on supprimait la note *ré* dans le chant, mais que les instruments l'employaient en dissonnance avec l'*ut* et le *si* ♭, et en consonnance avec [le *la* et] le *sol*.

C'est-à-dire qu'en résumé, *les Anciens employaient* dans le chant accompagné, non seulement les consonsonnances de quarte et de quinte, mais *les dissonnances de seconde et de tierce*.

Je n'ai pas voulu faire entrer dans cette explication l'idée de simultanéité, pour ne pas donner à mes adversaires le droit de dire que je suppose ce qui est en question, n'ignorant pas d'ailleurs que (sans parler de Burette) Méziriac, Wittembach, Clavier, MM. Dubner et Volkmann, ont entendu le passage dans un sens plus ou moins défavorable à cette idée. Cependant, en y réfléchissant un peu, on ne peut hésiter à reconnaître avec évidence que le mot κροῦσις, employé comme il l'est ici, avec toutes ses circonstances et sous les conditions mentionnées par Plutarque, ne saurait s'entendre indépendamment de la simultanéité des sons. Dans l'hypothèse contraire, on est forcé de soutenir que l'historien grec, ordinairement si discret et si sobre de développements inutiles, se plaît ici à insister sur des détails oiseux et entièrement vides de sens.

En effet, à quoi bon, au 1°, dire que l'*ut* est en consonnance avec le *fa*, si l'on ne sous-entend la simultanéité? Est-ce que les auditeurs ou les lecteurs ne savaient pas comment l'instrument était accordé? Ignoraient-ils la nature consonnante de cet intervalle? Ensuite, pourquoi ne pas passer en revue les autres cordes du diagramme , comme on le fait plus loin relativement au système conjoint (3e cas).

De même au 2°, pourquoi dire que l'on employait le MI *en dissonnance avec le* RÉ, *et en consonnance avec le* LA? Est-ce que cette qualité de consonnance ou de dissonnance des intervalles *ré-mi* et *la-mi* n'était pas , comme tout à l'heure , un fait connu d'avance ? Pourquoi citer ces deux notes *ré , la,* exclusivement à toutes les autres ? Est-ce que c'est à leur intonation alternative que se bornait toute la mélopée du nome spondiaque? Mais non, nous venons, il n'y a qu'un instant , d'en voir d'autres également citées.

Enfin pourquoi, dans le 3°, passer en revue toute cette suite de notes *ut , si* ♭*, la , sol* , pour dire que les deux premières étaient en dissonnance et les deux autres en consonnance avec le *ré ?* Est-ce que les auditeurs ne savaient pas tout cela ?

On le voit donc , il est impossible de se refuser à comprendre implicitement dans le sens du mot κροῦσις, au moins dans le cas actuel , l'idée de simultanéité. Tout au plus pourrait-on dire que la simultanéité porte sur deux sons appartenant également à la partie instrumentale, et que la voix n'y est pour rien. Oh! alors , ce serait bien autre chose. Nous n'osons pas aller aussi loin.

Observons maintenant que ces assemblages de sons, s'ils sont les seuls cités par Plutarque, ne sont pas pour cela les seuls que les Anciens durent employer. L'auteur, il est vrai, n'en mentionne pas d'autres; mais si ceux-là sont cités , c'est à l'occasion d'une circonstance toute fortuite, celle de l'absence de certaines notes dans la partie vocale. Cependant, le chant employait certainement encore d'autres notes , et ces autres notes avaient nécessairement aussi leur accompagnement. En somme , il me paraît certain que l'on ne s'écartera ni des indications de Plutarque , ni des autres conditions du problème , en admettant , par exemple , que le mode spondiaque était une sorte de psalmodie roulant sur les combinaisons de notes que j'ai employées dans la figure VI (pl. II).

Le passage de Plutarque signale de même, dans le tétracorde conjoint, la note *ré* employée de manière à pouvoir servir de pédale aux notes *ut, si* ♭ *, la, sol ;* mais cet emploi du *ré*, cité ici uniquement à cause de son absence de la partie vocale, n'exclut pas l'emploi des autres notes dans l'accompagnement.

Et après tout, comment, en définitive, connaître toutes les ressources d'un système d'harmonie pratiqué suivant des règles que nous ignorons entièrement, et qui étaient certainement très-différentes des nôtres ? Que ces règles fussent infiniment moins complexes et moins savantes que celles de nos jours, c'est un fait incontestable ; mais cela ne suffit point pour se refuser à reconnaître ici l'existence *d'une certaine harmonie,* quelle qu'elle fût ; et s'il y a lieu de s'étonner de quelque chose, c'est que Burette n'ait pas songé à tirer parti de cet important passage de Plutarque qui allait si bien à son opinion sur la symphonie des Anciens.

Nous pouvons même, en passant, tirer de ce chapitre de Plutarque, un renseignement très-précieux pour l'histoire de l'art, et très-instructif relativement à la manière dont les Anciens accompagnaient leurs chants à diverses époques. En effet, nous avons vu dans le 12ᵉ problème d'Aristote, que *le chant* de la paramèse (ou de la paranète) était accompagné du son de la mèse qui est une note plus grave que chacune d'elles. Ici, au contraire, l'accompagnement est à l'aigu des voix. Ce dernier procédé était donc celui des anciens temps. C'est ce que confirment d'ailleurs divers autres passages des problèmes d'Aristote, par exemple le 47ᵉ, où le philosophe demande « pourquoi les An- » ciens (qui avaient plusieurs manières d'accorder l'heptacorde) » négligeaient quelquefois l'hypate, mais jamais la nète ».

Cependant, les instruments ayant acquis plus d'ampleur par suite des progrès de l'art, on reconnut l'avantage d'un accompagnement plus grave que la voix, tel que nous le remarquons ici et tel que nous le retrouverons dans l'ode de Pindare. Peut-être n'est-ce pas trop hasarder que de voir dans cette mode alors nouvelle, la raison de l'insistance mise par Aristote et Plutarque à faire remarquer la prépondérance du grave sur l'aigu (V. plus haut).

J'aurais beaucoup de choses à dire encore en réponse aux assertions de M. Fétis relativement aux flûtes doubles ; mais la prétendue impossibilité d'harmoniser les doubles flûtes se trouve en partie réfutée par les développements contenus dans ce qui précède. Il est indispensable toutefois que je relève, avant de terminer, cette assertion aussi erronée qu'elle est tranchante, et qui pourrait aisément fausser l'opinion des personnes peu familiarisées avec les lois de l'acoustique. « Il est évident, dit M. Fétis (p. 93), qu'une flûte qui » n'a qu'un trou ne peut.... produire que deux sons, à savoir l'in- » tonation du trou ouvert et celle du trou bouché ». Un fait bien simple, connu de tout le monde, même de M. Fétis qui paraît l'avoir oublié ici, suffit pour répondre à cette assertion : c'est que les cors et les trompettes ordinaires, instruments dépourvus de clefs et de pistons et consistant dans un simple tube ouvert par les deux bouts, n'en rendent pas moins, par les seules modifications apportées à la pression des lèvres et à la force du souffle, jusqu'à dix ou douze sons nettement caractérisés (1) : il est facile d'après cela de concevoir ceux que l'on peut obtenir au moyen de quelques trous pratiqués sur la longueur du tube ; et M. Fétis (dont pourtant le savoir en musique est universel!) semble avoir également oublié qu'avec un modeste galoubet percé de *trois* trous, certains virtuoses exécutent des parties notables de concertos très-difficiles écrits pour le violon.

Et pour en finir sur ce chapitre, quand on a vu de rustiques montagnards qui n'avaient certainement reçu les leçons d'aucun conservatoire, ameuter tout Paris sur les places publiques, rien qu'avec un chalumeau et une cornemuse, on a peine à concevoir que des hommes intelligents, sachant apprécier le génie grec lorsqu'il n'est pas question de musique, mettent une semblable persistance à dénier à un peuple si splendidement doué pour tout le reste, jusqu'aux plus simples éléments d'un art qui possède, plus que tout autre, la puissance d'émouvoir certaines organisations privilégiées. En résumé,

---

(1) Au surplus, je ne puis rien faire de mieux que de renvoyer, sur cette question, à l'excellent ouvrage intitulé *Manuel général de musique militaire*, etc. par M. G. Kastner, 1848.

sans répéter ici ce qui a été dit cent fois, que réclamons-nous pour nos maîtres? la connaissance des procédés, des finesses, des délicatesses de la science moderne? nullement : que l'on nous accorde un simple duo (1) soutenu par une ou deux pédales, voilà toutes nos préten- tions. Il y aurait vraiment trop d'orgueil de notre part à croire que le monde nous ait attendus quatre mille ans pour lui procurer une si modeste jouissance!

D'ailleurs, quand on nous parle de ce qu'était la musique avant le XIII<sup>e</sup> siècle de notre ère ( *Mém.* etc. p. 111 ), on oublie trop que nous sommes les fils des barbares et non les héritiers directs des Grecs. Le Parthénon existait bien avant que nos ancêtres fussent sortis de leurs cahutes ; et bien des civilisations étaient éteintes quand la diaphonie de notre moyen-âge engendra le déchant (2). Personne ne songe à contester aux modernes l'invention de l'imprimerie et de la poudre à canon. Cela empêche-t-il les Chinois d'avoir, bien avant nous, pratiqué une sorte d'imprimerie et fait usage d'une méchante poudre explosive?

Mais, dira-t-on, si les Anciens ont connu l'harmonie, comment se fait-il qu'ils n'en aient pas parlé? Leur silence à cet égard n'est-il pas une preuve suffisante qu'ils ne la connaissaient pas?

A cela je réponds, d'abord que ce silence n'est pas aussi absolu qu'on le suppose : témoins les passages que j'ai allégués, notamment celui de Plutarque. Le mot κρούσις impliquait certainement chez les Anciens (on n'a pas prouvé le contraire), l'idée ordinaire d'un accom- pagnement quelconque ; et si la nature de cet accompagnement ne ne nous est pas plus expliquée dans un sens que dans un autre, c'est que le mot, ayant un sens convenu entre ceux qui l'employaient et ceux qui l'entendaient prononcer, n'avait pas besoin d'explication.

Maintenant, comment se fait-il que parmi les écrivains dont nous avons conservé les traités, aucun ne donne les règles de cet accompa-

---

(1) J'en exclurai même le cas de deux parties vocales.

(2) *V.* le précieux ouvrage de M. E. de Coussemaker : *Histoire de l'Harmonie au moyen-âge.*

gnement, et qu'à cet égard on ne puisse citer comme réellement concluant , qu'un seul passage de Plutarque, amené là fortuitement, et,
peut-on dire encore, assez obscur pour que jamais personne n'ait
songé à lui donner le sens que nous y croyons apercevoir ?

A cela encore il y a une réponse bien naturelle. Les Grecs divisaient
la Musique en six parties, savoir : l'harmonique, la rhythmique, la
métrique, l'organique ou instrumentale, la poétique, et l'hypocritique
ou théâtrale (*Notices*, etc., p. 7 et 16); or, de ces six parties que
nous reste-t-il ? à peu près exclusivement *l'harmonique* ou théorie
de la formation des échelles musicales (ce qui est bien différent de
*l'harmonie* telle que nous l'entendons (1)). En effet, Aristoxène,
Euclide, Nicomaque, Alypius, Gaudence, Bacchius, ont traité
presque exclusivement de l'harmonique; et si l'on joint à ces noms
celui d'Aristide Quintilien qui considère la Musique principalement
sous le rapport philosophique et moral, on a tout Meybaum. Théon
de Smyrne, Ptolémée, Pachymère et Bryenne, nous ramènent de
nouveau à l'harmonique. Psellus mérite à peine d'être nommé. L'harmonie ne pouvait donc se trouver dans aucun de ces traités.

Quant aux autres parties de la musique , nous possédons encore la
métrique d'Héphestion , plus un fragment de la rhythmique d'Aristoxène. La musique poétique peut, jusqu'à un certain point, être considérée comme traitée par Aristote dans sa poétique : c'est un fait sur
lequel on ne paraît pas avoir jusqu'ici porté beaucoup d'attention. Ajoutons que le même traité touche en passant à la musique hypocritique.

Reste donc la musique organique, sur laquelle nous n'avons absolument rien. Or, c'est précisément celle-là qui devait , de toute nécessité , contenir la science du contre-point *tel quel* pratiqué par les
Anciens, puisque les voix, tout le monde en convient, ne concertaient
jamais qu'à l'unisson ou à l'octave. Et où donc en effet, je le demande,
l'*organum* du moyen-âge, bien différent de la magadisation ou de la

_____

(1) M. Fétis se trompe quand il dit (p. 82) que les Grecs nommaient *harmonie* la
succession des sons (V. plus haut , p. 10).

diaphonie telle que l'entend M. Fétis (p. 47, 103 et 110), où l'*or-ganum* peut-il trouver son étymologie, si ce n'est dans ce fait naturel et cependant méconnu, que quand, pour la première fois, on s'avisa de faire concerter une voix avec une autre, la voix surajoutée dut paraître ne faire autre chose que remplir l'office d'un instrument? C'est d'ailleurs ce que l'histoire confirme parfaitement : « *Congrua* » *vocum dissonantia*, dit J. Cotton (*Gerb.* Scr. eccles., tom. II, » p. 263),... *vulgariter* ORGANUM *dicitur, eo quod vox humana* » *apte dissonans, similitudinem exprimat instrumenti, quod orga-* » *num vocatur.* » — « Une dissonance convenable de plusieurs voix... » se nomme vulgairement *organum*, par la raison qu'une voix hu- » maine, dissonant avec convenance, semble remplir le rôle d'un ins- » trument, et [qu'un instrument] se nomme *organum.* »

Aristoxène, comme on le sait, avait fait un *Traité des instruments* qui ne nous est pas parvenu (1). Cette perte est des plus regrettables : car l'auteur y traitait nécessairement du jeu des doubles flûtes ; et si nous possédions cet inappréciable traité, nous saurions à quoi nous en tenir sur le contre-point des Anciens. Mais de l'absence du traité con-clure à la nullité des matières qu'il devait embrasser, ce serait, convenons-en, un singulier procédé d'argumentation.

---

§ IX· — *Nouvel examen du fragment de Pindare.*

Je me flatte donc, en définitive, que mes lecteurs ne m'accuseront point d'avoir trop présumé de leurs dispositions favorables à l'égard de l'antiquité grecque, si je les prie d'admettre qu'un poète nommé Pindare a bien pu, cinq siècles avant notre ère, atteindre à la hau-

---

(1) Je ne veux as chercher à profiter de ce qu'Ammonius (*De differ. vocum*, 1.82) cite Aristoxène ἐν τῷ περὶ ὀργάνου : je suppose qu'il faut lire ὀργάνων.

:eur d'une composition que M. Fétis trouve du reste assez *pauvre* (p. 67) pour m'en faire honneur et la présenter comme *mon œuvre*.

On n'a pas oublié, je pense, qu'il s'agit de la musique d'un fragment de la première ode pythique de Pindare, et que cette musique se compose de deux phrases ou reprises dont la première, écrite avec les notes spécialement affectées à la musique vocale, s'applique aux quatre premiers vers des éditions anciennes, et la seconde, écrite avec les notes exclusivement instrumentales, s'applique aux quatre vers suivants. J'ai en conséquence, pour faciliter l'intelligence de mes explications, appelé *quatrains* ces deux groupes, différents de mesure, qu'il faut, par conséquent, se bien garder de confondre avec des strophes ou antistrophes.

Mais ici encore nous devons commencer par relever, dans la partie du Mémoire de M. Fétis relative à cet objet, bon nombre d'assertions hasardées, d'inexactitudes, d'erreurs, bien capables aussi de *fausser l'histoire de la musique* (p. 17).

D'abord, quant à l'authenticité de cette musique, voici ce que M. Fétis disait dès 1848, dans son Rapport (déjà cité p. 20 et 53) sur le Mémoire de M. le comte de Robiano (Bulletin etc., t. XV, p. 230) : « M. Boeckh *a fort bien démontré* que le chant de l'ode de Pindare » n'appartient pas à l'époque où vivait ce poète, mais à des temps » plus rapprochés de nous ». Voici maintenant en quels termes M. Boeckh donne cette curieuse *démonstration*, si bien comprise et si bien appréciée : « Quand je considère tout cela » dit l'illustre philologue de Berlin (*De metris Pindari*, p. 267), « *il est certain pour* ▪ *moi que cette mélodie est de Pindare lui-même......* Et qui donc, » je le demande, à une époque plus récente, se serait avisé de com- » poser un chant pour une ode de Pindare? où, quand, dans quel » but? Mais peut-être serez-vous surpris que le hasard ait pu conser- » ver une mélodie aussi ancienne. Quant à moi, je n'en suis point » étonné.

» *Quæ cum considero, mihi quidem certum est, ipsius Pindari* ▪ *hanc esse melodiam..... Ac quis, quæso, recentiore ætate ad* » *Pindaricæ odæ melodiam componendam sese accinxerit? ubi,*

» *quando, quem in finem? Sed mirere forsitan, quo casu ser-*
» *vata vetustissima melodia sit. Ego non miror.* »

Et plus loin (p. 268) : « Non seulement cette mélodie est le meilleur
» de tous les chants grecs qui ont traversé les âges ; mais on peut
» même y appliquer l'harmonie, comme l'ont remarqué Burney et
» Forkel. »

« *Hæc melodia non modo omnium græcarum, quæ ætatem tu-*
» *lerunt, optima est, sed patitur etiam harmoniam, ut notarunt*
» *Burneius et Forkelius.* »

Et plus loin encore (p. 269) : « Et de là nous avons tiré un double
» profit : l'un, d'avoir découvert que cette mélodie appartient au
» mode Dorien,... l'autre d'avoir reconnu qu'*elle est tellement an*
» *tique, qu'elle ne saurait être d'aucun autre que Pindare...*
» Nous avons donc ici *les plus anciens et les plus précieux restes de*
» *la musique des Grecs.* Ajoutons à leur éloge qu'ils ont trouvé
» grâce même devant Forkel, le plus âpre censeur des anciens. »

« *Atque hinc duplex fecimus lucrum ; alterum quod invenimus*
» *hanc melodiam esse Dorii modi... alterum quod reperta est*
» *adeo vetusta, ut Pindarica non esse non possit.... Antiquissimæ*
» *igitur et pretiosissimæ hæ Græcæ musices reliquiæ sunt, eæ que*
» *tales, ut ne Forkelio quidem, veterum castigatori acerrimo,*
» *prorsus videantur absonæ.* »

Et voilà comment « M. Bœckh *a fort bien démontré* que le chant
» de l'ode de Pindare n'appartient pas à l'époque où vivait ce poète,
» mais à des temps plus rapprochés de nous ». Je demande pardon
à mes lecteurs et à M. Fétis lui-même de leur avoir donné simultanément la traduction française et le texte de la démonstration. Ce n'est
pas que je veuille soupçonner personne de ne pas savoir le latin ; mais
de mon côté, je tenais à prouver que je n'avais pas menti. Usons
d'une mutuelle indulgence : quant à moi, je pense n'être pas trop
sévère envers M. Fétis en me bornant à dire qu'il a parfois la plume
bien légère.

Voici d'ailleurs, sur le même fragment de musique, un autre fait analogue où le texte méconnu est en français ; il n'y aura donc ici lieu à aucun soupçon sur le chef de latinité.

« Peut-être » , dit M. Fétis ( *Mémoire* etc. (p. 53 ), « peut-être le chant de la strophe se répétait-il sur l'antistrophe , » dont la mesure est semblable à celle de la strophe ; mais il était » certainement différent pour l'épode ; puis il devait recommencer » de la même manière sur les strophes suivantes. *Il est bien singu-* » *lier que les critiques musiciens n'aient pas fait cette remarque.* »

Voici, peut-on croire, le passage dont celui de M. Fétis est sans doute la traduction , faite d'après les mêmes principes et les mêmes procédés : « La musique » avais-je dit dans les *Notices* (p. 156, note 3), « était sans doute la même pour toutes les strophes et les an-» tistrophes ; alors il ne manquerait pour compléter la musique de » l'ode entière , que celle de l'épode. » — Que pensera-t-on main-tenant de l'étonnement de M. Fétis ?

Sans aucun doute, de semblables inadvertances peuvent échapper à l'écrivain le plus exact :

Scimus, et hanc veniam petimus que damus que vicissim.

mais quand on est', à ce point, sujet à méconnaître et à dénaturer les textes, il faudrait s'abstenir de crier si fort à la violation de l'histoire.

Mais revenons : à quel propos nous trouvons-nous amenés à parler de la structure du chant des strophes et de sa périodicité ? le voici : Les notes instrumentales , ainsi que toute la musique du fragment, s'arrêtent, si l'on s'en souvient (*Notices* p. 157), après les mots καὶ τὸν αἰχματὰν κεραυνὸν σβεννύεις, ce qui donne à M. Fétis l'occasion de faire les remarques suivantes :

« Un fait d'assez grande importance, dit-il (p. 52), me paraît avoir » échappé à l'attention des érudits ; il est assez sérieux pour donner » la certitude que la mélodie publiée par Kircher n'est qu'un frag-» ment, et que nous n'avons qu'une partie du chant appliqué à l'ode » de Pindare. Le fait consiste en ce que la finale du chant tombe » avant la fin de la phrase du poëte. En effet , ce que nous possédons » de ce chant finit évidemment avec le verbe σβεννύεις , qui termine

» le 8ᵉ vers de l'ancienne division....., tandis que la phrase poé-
» tique et le sens ne se complètent que par les mots ἀενάου πυρός,
» qui se trouvent au commencement du vers suivant. Or, il est évi-
» dent que la phrase musicale a dû se terminer avec celle du poëte
» dans ce passage « Καὶ τὸν αἰχματὰν κεραυνὸν σβεννύεις ἀενάου πυρός,
» Et tu éteins la foudre armée du feu éternel. »

Au premier abord, l'objection paraît assez spécieuse pour séduire
des lecteurs incomplètement renseignés sur le système général de la
versification et de la poésie de Pindare ainsi que sur le passage en
particulier. Mais le témoignage et l'autorité de M. Boeckh vont réduire
à sa juste valeur l'objection de M. Fétis. En effet, l'illustre philologue
atteste en divers endroits (*De metr. Pind.*) que c'est un procédé fort
usité chez le poëte, de commencer une période à la fin d'une strophe
pour ne la finir qu'à la strophe suivante ou même à l'épode, et
« c'est là, dit-il, un moyen employé par les grands poëtes pour
» produire plus d'effet : *quo periodi ea pars.... fiat insignior* »
(loc. cit., p. 100); et plus loin : « *ob sententiæ aut vim aut ethos* »
(ibid, p. 339). Souvent, dit-il encore (p. 340), « un seul mot ainsi
» rejeté produit le plus grand effet : *haud raro vel una vox hac*
» *ipsa re vim lucratur ingentem* ». Il cite une foule d'exemples de
ce procédé, ce qui est fort à remarquer. « Il n'est pas douteux, ajoute-
» t-il encore, que le chant de la voix et des instruments ne contribue
» puissamment à augmenter l'effet de cet enjambement : *quæ verba*
» *haud ambiguum est cantu vocis atque instrumentorum magis*
» *etiam præ cæteris insignita esse.* »

Maintenant, si une période commencée à la fin d'une strophe peut
ne finir qu'à la suivante, comme il vient d'être établi d'une manière
irréfragable, on doit m'accorder *à fortiori* qu'une phrase musicale
commencée à la fin d'un vers, peut, sans changer de strophe, ne se
terminer qu'au vers suivant. Or, précisément, ce que j'avais appelé
des *quatrains* pour me conformer à la division ancienne, ne sont
plus, pour ainsi dire, que des vers dans la théorie nouvelle, surtout
en les comparant aux phrases musicales qui doivent y être adaptées.
D'ailleurs, c'est bien ici le cas d'appliquer la théorie que M. Boeckh

vient d'exposer avec tant d'autorité, et nulle circonstance ne pouvait mieux motiver un enjambement semblable à celui qui se présente. « Tu éteins la foudre armée d'un trait », dit le premier vers, « Et c'est « un trait du feu éternel », reprend aussitôt le chœur dans un majestueux élan. Voilà ce que M. Fétis n'a pas compris ; et nous serons dès lors moins étonnés de le voir (*Mém.*, p. 62), du reste à la suite de M. Bœckh lui-même, établir une division impossible après le mot κτέκνον : en adoptant cette coupe, M. Fétis ne s'est pas aperçu qu'il se dressait à lui-même une embûche, par la nécessité d'établir des repos d'*une blanche* au milieu de plusieurs mots :

1° à l'antistrophe 2°, avant la dernière syllabe du mot χαράσ — σοις :

2° de même à la strophe 3°, sur le mot ἔια — ται :

3° à l'antistrophe 4°, sur le mot ἐκσιλεῦ — σι (1).

Ne serait-ce pas bien à moi, je le demande au lecteur impartial, de m'écrier maintenant : « A quels égarements peut entraîner un » système préconçu ! etc. » (V. la tirade, *Mém.*, p. 65). Mais M. Fétis n'a pas terminé, ni moi non plus. L'impitoyable critique emploie maintenant 5 ou 6 pages pour prouver que *j'ai méconnu le système de la poésie lyrique des Anciens, particulièrement de Pindare*, et que *j'anéantis à la fois le mètre et la prosodie*, etc., etc. Or jamais, je l'avoue humblement, jamais je ne m'étais douté que Pindare, en chantant ses vers, pût avoir l'habitude de s'arrêter au milieu d'un mot, restant ainsi la bouche ouverte pour faire une pause avant de terminer le mot commencé.

Mais ici M. Fétis est en veine de bonne humeur et tient à égayer son auditoire : *J'ai du bon tabac dans ma tabatière*, nous chante-t-il gaillardement (p. 67) en s'accompagnant sur l'air de *la Marseillaise*.

---

(1) M. Bœckh a, de plus, encouru le même reproche et occasionné les mêmes inconvénients dans un autre endroit : c'est en isolant le mot ἀρχά qui termine son second vers ou le premier quatrain.

Il faudrait vraiment avoir le caractère bien mal fait pour ne pas répondre à la plaisanterie par un *Dieu vous bénisse ;* mais, une fois rempli ce devoir de bonne société, j'avoue qu'il m'est impossible de pousser la concession plus loin, et de laisser passer sans réclamation un jeu de mots pareil à celui que je trouve à la page 65. Comment! à vous en croire, Denys d'Halicarnasse aurait dit, et j'aurais rapporté d'après lui, que *l'on écrivait les notes instrumentales au-dessus des paroles!* Mais non, mille fois non, Denys n'a rien dit de semblable et je n'ai pas eu à le rapporter.

En réalité, que dit ici cet auteur, au lieu de ce que vous lui faites dire en ne craignant pas de m'appeler en faux témoignage? Voici sa phrase, traduite par moi-même il est vrai (*Notices,* p. 161) ; mais à moins de s'inscrire en faux contre ma traduction, il n'y a lieu à aucune équivoque sur le point en question :

« Dans la musique, soit vocale, soit instrumentale », avait dit Denys, « ce sont les mots que l'on subordonne au chant, et non le
» chant que l'on soumet aux paroles...... Même chose pour le
» rhythme..... La diction rhythmique et musicale transforme les
» syllabes, les allonge et les accourcit, de manière bien souvent à
» intervertir leurs qualités : car ce ne sont point les durées que *l'on*
» *règle* sur les syllabes, mais bien *les syllabes sur les durées....* »
Et plus loin : « La nature de la longueur et de la brièveté des syllabes
» n'est point absolue, car il y a des longues plus longues que d'autres
» longues, et des brèves plus brèves que d'autres brèves, etc., etc. »
(*V. les Notices,* p. 161 et suiv.).

Ces passages sont assez clairs : *Subordonner les mots au chant,* ce n'est donc point *écrire les paroles sous les notes :* il n'est pas ici question de notes. D'après les développements donnés par l'auteur lui-même à sa pensée, subordonner les mots au chant, c'est, par dérogation aux principes rigoureux de la métrique, allonger plus ou moins les syllabes brèves, pour les rendre applicables à une mélodie dont les notes présentent des valeurs temporaires diversement variées, ce qui doit se faire, bien entendu, avec discrétion et sous certaines conditions, comme *de ne pas* intervertir dans un même mot, les valeurs temporaires de deux syllabes voisines, de manière à *rendre une brève métrique plus longue qu'une longue qui la suit ou la précède immédiatement*, etc.

Cependant, cette subordination des paroles à la musique ne va pas jusqu'à interdire certaines imitations ou variations que l'on peut, à l'inverse, faire sur un thème musical donné, mais en prenant alors pour guides, des paroles disposées de manière à se prêter à ces modifications; et c'est ainsi que j'ai compris le fragment de Pindare et que j'en ai essayé la restitution.

Quoi qu'il en soit, je répète que si l'instrument jouait constamment à l'unisson des voix, les notes instrumentales étaient inutiles; et s'il est hors de doute, comme le dit M. Fétis ( p. 66 ), que « les » chanteurs connaissaient les notes instrumentales » , il l'est bien plus encore que les instrumentistes devaient connaître les notes vocales; et cela était suffisant pour enlever aux premières toute espèce d'utilité.

Enfin, quand je vois des notes instrumentales sous les paroles, j'ai le droit de conclure, 1° que l'instrument jouait ces notes pendant l'excéution du chant, et 2° que la mélodie vocale différait de la mélodie instrumentale, sans quoi tout aurait été exprimé en notes uniformes; une seule espèce eut été nécessaire.

Pourquoi donc les notes vocales ne se trouvent-elles pas avec les notes instrumentales? parce que déjà elles se trouvaient écrites plus haut et que l'on devait les y reprendre, *nonobstant,* je le répète à dessein, *nonobstant la différence totale de mesure et de quantité.* Cela ne veut pas dire qu'on les reprenait avec la même mesure et la même quantité, opinion absurde que M. Fétis affecte de m'imputer; cela veut dire que l'on en modifiait la mesure, comme on le fait dans la psalmodie, où, *sauf la mesure propre aux paroles respectives,* c'est-à-dire encore, *nonobstant la différence totale de mesure et de quantité,* les mêmes notes sont appliquées à des paroles différentes, mais aussi, bien entendu, avec des valeurs différentes.

D'ailleurs, personne n'ignore la parcimonie avec laquelle les Anciens employaient le parchemin; aussi l'écriture de notre fragment de musique a-t-elle été réduite à sa plus simple expression ; une seule fois la partie vocale, une seule fois la partie instrumentale ; et d'après l'opinion que je me suis faite, l'une et l'autre devenaient inutiles pour le troisième quatrain : car dès lors on possédait, avec une indication suffisante, la musique de toutes les strophes et antistrophes. Quant à celle de l'épode, qui ne figure pas dans le fragment découvert par Kircher, ne peut-on pas supposer qu'il existait quelque règle de composition d'après laquelle la musique des strophes étant donnée, celle de l'épode s'en déduisait, par exemple par une modulation ou imitation à la quarte, ou de toute autre manière? C'est, du reste, ce que j'ignore.

Que ne puis-je tout savoir ?... Mais alors ce ne serait plus un privilége du génie !

Je terminerai donc, et telle sera ma conclusion, en reproduisant ( pl. IV ) ce que M. Fétis veut bien appeler *mon œuvre.* Seulement, je profiterai de l'occasion pour y corriger quelques fautes portant soit sur l'intonation, soit sur le rhythme, et dues à l'inattention, soit du lithographe, soit de l'interprète lui même qui ne fait aucune difficulté de les reconnaître. Déjà mon honorable et savant confrère M. L. Vitet ( *Journal des Savants, octobre* 1854 ) les avait signalées avec une bienveillance dont je le remercie de nouveau, après l'avoir remercié une première fois dans le *Correspondant* ( cahier de juin 1855 ) en annonçant que ces erreurs étaient déjà reconnues et rectifiées (1).

## § X. — *Résumé et conclusion.*

Après tout, le Mémoire de M. Fétis n'aura donc pas été inutile : tant s'en faut ; et quant à moi, je ne l'estime pas moins que son pesant d'or ! Quel auxiliaire vaudrait un tel adversaire ? Quels argu-

---

(1) J'ajoutais ceci : « La difficulté de rétablir le chant de l'épode, qui malheu
» reusement est entièrement perdu, m'a seule empêché d'essayer l'exécution en
» grand de cette sublime composition.

ments vaudraient de telles dénégations , et pour appuyer en général l'existence d'une certaine harmonie simultanée des sons chez les anciens, et pour confirmer spécialement ma restitution de la musique de l'ode de Pindare ? M. Fétis qui veut, comme moi , le triomphe de la vérité , verra donc avec satisfaction que son but est atteint. La voie, sans doute , est un peu courbe, mais qu'importe lorsque les intentions sont droites.

Au surplus, je vais indiquer à M. Fétis une manière de prendre sa revanche. Dégagé, comme il l'est, de sa parole à l'égard du genre enharmonique , par l'explication que j'ai donnée du vase de Berlin , qu'il essaie de démontrer que ce genre n'a jamais existé ! En cherchant à établir que les Grecs ne pouvaient avoir une chose que nous ne possédons pas , peut-être sera-t-il plus heureux qu'en voulant prouver leur ignorance totale d'une chose que nous savons.

Mais non , mieux que cela , car je veux finir par une bonne parole : que M. Fétis abandonne ses prétentions à la science universelle en musique, prétentions par trop semblables à celles du dieu de la danse, qui ne daignait descendre quelquefois jusqu'aux planches, que pour se mettre un instant au niveau de ses adorateurs. Outre que M. Fétis n'a pas étudié dès sa jeunesse la musique des Grecs si différente de la nôtre, outre qu'il ne s'est pas accoutumé à ses principes et à ses combinaisons, il est encore un genre de questions sur lesquelles le célèbre écrivain (qu'il me permette de le lui dire en passant) ne me paraît pas suffisamment préparé : ce sont celles où interviennent les faits physiques et mathématiques. Les bases de la musique ne sont pas là , incontestablement ; mais les faits existent ; ils ont leur valeur ; ils ne doivent être ni dédaignés ni abordés à la légère : il est convenable d'en abandonner , d'en confier l'étude à ceux qui en connaissent la langue et l'écriture. Or, M. Fétis possède-t-il ces éléments ? c'est ce que l'on a pu juger par tout ce qui précède. En un mot, que M. Fétis continue à traiter avec le véritable talent et la supériorité que tout le monde lui reconnaît dans un genre différent, les questions de bibliographie, d'esthétique , de philosophie musicales des époques modernes , c'est-à-dire depuis le quatorzième ou le quinzième siècle par exemple ; et la postérité pourra dire de lui : « Cet » homme n'eut pas d'égal dans la connaissance des œuvres des mu- » siciens de son temps ».

En définitive , une simple question peut résumer le présent Mémoire , et de la réponse que l'on y fera dépend tout le reste ; c'est à savoir :

L'honorable M. Fétis nie-t-il que , *d'après des textes authentiques*, les anciens aient pratiqué une sorte de contre-point , tel que celui dont mes figures IV et VI ( pl. II ); notamment , présentent un spécimen ?..... je suis prêt à discuter avec lui le sens de ces textes.

L'accorde-t-il ?... alors , il pouvait s'épargner la peine de rédiger son Mémoire : car personne, à ma connaissance, n'a jamais prétendu davantage.

---

*P. S.* — L'exactitude historique exige que je revienne un instant sur mes pas pour donner quelques mots d'explication relativément au singulier motif de récusation allégué contre moi par M. Fétis, lorsqu'il dit dans son mémoire (p. 37) : « Malheureusement , il n'a pas cultivé » la musique dès sa jeunesse , et ses organes ne se sont pas accou- » tumés , par une longue pratique , à ses tendances , à ses combi- » naisons ». J'aurais voulu pouvoir rejeter entièrement à l'écart, ma personnalité qui importait fort peu dans la question ; mais , mis ainsi en avant , je crois devoir faire connaître un fait susceptible de tenir sa place , telle petite soit-elle , dans l'histoire de l'art , et aussi ( que l'on me permette d'ajouter ) dans l'histoire de la Société des Sciences de Lille.

Vers 1830 : (je ne saurais , pour le moment , préciser davantage la date ; mais il serait facile d'arriver , au moyen de quelques syn-chronismes , à un chiffre plus exact si l'on avait quelque intérêt à le rechercher... ) : vers 1830 , dis-je , avant ou après les révolutions de juillet , je ne sais trop... , j'eus l'honneur de voir , pour la pre-mière fois , M. Fétis , et de lui communiquer le projet du *Tableau* N° 1 annexé à ma *Note sur une formule générale de modulation* , que l'on peut lire dans les Mémoires de la Société (volume de 1832 , 2e partie, p. 70).

On parlait beaucoup alors de nouvelles modulations introduites par l'illustre Rossini, et l'on se préoccupait d'en rechercher d'autres dans l'intérêt de la théorie ; mais aucun auteur de traité d'harmonie n'avait donné ni indiqué de marche générale à suivre pour obtenir une solution quelconque de ce problème intéressant.

M. Fétis, ayant pris connaissance de mon Tableau, voulut bien me le rendre quelque temps après en me donnant son opinion ; et je lui ai toujours su beaucoup de gré de cette bonne leçon d'harmonie. Du reste, cette leçon se réduisit à me dire, sans autre commentaire, que *mes formules étaient mal écrites,* ce que je m'expliquai à moi-même par la forme d'accords plaqués sous laquelle je les avais présentées, au lieu de donner à chaque partie une marche mélodique distincte. C'est ce que je fis en conséquence, mais sans changer aucun des accords dont j'avais adopté l'emploi, et qui se réduisaient uniformément à ces deux accords naturels, l'accord parfait et l'accord de 7e de dominante avec leurs renversements, mais sans me permettre aucune altération, ni prolongation, ni substitution. C'est sous cette forme que la Société me fit l'honneur de les admettre dans le recueil de ses Mémoires ; et le cé-lèbre Reicha me favorisa à cette occasion d'une lettre de félicitations et de remerciements pour ma *méthode générale de modulation* qu'il trouva *curieuse, instructive, utile,* etc.

A la vérité cependant, un procédé général, uniforme dans sa marche, ayant même quelque chose d'algébrique, et effectuant sans hésitation, au moyen de quatre accords naturels y compris l'accord parfait du ton de sortie et celui du ton de rentrée, le passage *d'un ton quelconque de la gamme à un autre ton quelconque,* c'est, dira-t-on, quelque chose de bien simple, même de bien pauvre ; et voilà ce qui explique parfaitement l'opinion que M. Fétis a exprimée sur mes aptitudes musicales, je veux dire sur leur absence. Mais pou-vais-je prévoir que M. Fétis inventerait, un peu plus tard, les *enharmonies transcendantes...,* résultat d'*altérations multiples* des accords... dont le mécanisme « constitue ........ l'*ordre ⸗ omnitonique* »...., et finalement conduit au « *dernier terme de* » *l'art* »?... Evidemment ma pauvre formule devait subir une éclipse totale.

Voulant toutefois lui rendre un peu de lustre, voici ce que j'ai fait pour atteindre ce but. Je me suis livré à des expériences dont le système des cordes mobiles des Grecs m'avait donné l'idée ; et j'ai obtenu des résultats qui, j'en ai la confiance, sont destinés, quand ils seront suffisamment connus, à agrandir le domaine de l'art en multipliant les moyens d'expression. En effet, j'ai constaté par expérience :

1° qu'*Un accord dissonnant peut se résoudre sur tout accord naturel* (parfait ou de 7e de dominante direct ou renversé) *dont les éléments, bien qu'appartenant à une autre échelle que les éléments du premier, se trouvent sur les directions respectives des tendances tonales de ceux-ci ;*

2° que même *À un accord consonnant on peut faire succéder un autre accord, consonnant ou dissonnant, appartenant à une autre échelle, pourvu que l'on fasse marcher les parties extrêmes par mouvement contraire.*

Je pourrais citer beaucoup d'autres successions alternatives que l'oreille admet sans en être aucunement blessée ( bien loin de là ), entre les degrés de deux échelles différentes. Je me borne aux deux cas précédents qui sont les plus simples.

Les propositions que je viens d'énoncer peuvent être vérifiées sur le double clavier à quarts de ton dont j'ai déjà eu l'occasion de parler plusieurs fois (V. notamment la *Gazette musicale* du 2 avril 1854) ; et je donne ci-après (pl. V), comme application des principes et comme complément de mon *Tableau* de 1832, un second *Tableau* qui sert à moduler du ton d'*ut* pris pour exemple, à tous les tons qui en sont distants d'un nombre impair quelconque de quarts de ton.

La marche suivie dans ces nouvelles modulations est analogue a celle que j'ai décrite à l'endroit cité ; mais elle exige *un accord de plus*, nécessaire pour préparer le changement de clavier : ce qui fait en totalité *cinq* accords. En effet, si l'on compare les deux Tableaux, on verra que chacune des modulations du premier a exactement sa correspondante dans le second, conduisant, dans celui-ci, à un quart de ton plus à l'aigu : mais l'accord dit précédemment *de transition* a dû être préparé par un autre accord choisi de telle manière que la note de basse, nommée *préparatoire,* monte d'un quart de ton au lieu de rester en place, tandis que les deux parties supérieures descendent d'un quart de ton. La marche des autres parties, qui ne sont que de remplissage, suit le mouvement des premières ; toutefois, j'en ai supprimé une pour simplifier et pouvoir écrire le tout sur deux portées.

La construction de ce nouveau Tableau donne lieu à une remarque assez curieuse. D'abord, il est clair que le procédé indiqué ici ne peut fournir de moyen pour passer du ton d'*ut* au ton d'*ut* + 1/4, puisque, pour cela, le premier Tableau aurait dû fournir une modulation pour passer du ton d'*ut* au ton d'*ut* lui-même, ce qui est dépourvu de sens. Mais, en disant dans la *Note* citée (p. 74), que la méthode proposée *était en défaut précisément dans le cas où l'on voudrait rester dans le ton primitif,* j'avais eu soin de faire voir que cette circonstance tenait à l'identité qui s'établit alors forcément entre l'accord de transition et l'accord de 7e de dominante du ton donné. C'était une indication suffisante pour montrer que c'est sur celui-ci que l'on doit opérer pour obtenir le résultat cherché ; et de là une modulation toute particulière que j'ai, en conséquence, placée à part dans une case restée vide sur l'ancien Tableau.

Je termine par une réflexion, savoir : s'il est un système d'harmonie que l'on puisse avec raison nommer *omnitonique,* il semble bien que ce serait celui où l'on peut passer d'une tonique quelconque (c'est-à-dire résultant d'un nombre absolument quelconque de vibrations), à une autre tonique tout aussi indéterminée que la première. Mais la place est prise ; et qu'y faire ? Il faudrait maintenant trouver une expression qui pût signifier : *tous les tons possibles plus une infinité d'autres...* Le parti le plus sage n'est-il pas d'imiter Esope, en avouant simplement qu'il ne peut rien nous rester puisque les autres ont tout pris ?

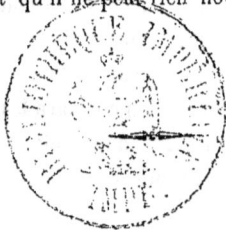

Lille. — Imp. L. Danel.

Fig. I.                     Planche I.

| N.º d'ordre des espéces d'octave. | Noms anciens des modes. | Modes Naturels | | Modes transposés | |
|---|---|---|---|---|---|
| | | Limites | finales | Armatures de la clef | Toniques. |
| 1.º | Mixolydien | si — si | mi | 1 ♭ | ré |
| 2.º | Lydien | ut — ut | fa | 4 ♯ | ut ♯ |
| 3.º | Phrygien | ré — ré | sol | 2 ♯ | si |
| 4.º | Dorien | mi — mi | la | 0 | la |
| 5.º | Hypolydien | fa — fa | si | 5 ♯ | sol ♯ |
| 6.º | Hypophrygien | sol — sol | ut | 3 ♯ | fa ♯ |
| 7.º | Hypodorien | la — la | ré | 1 ♯ | mi |

Fig. II.    Modes antiques fondées sur les espèces d'octave.

Naturels.          Transposés.          Toniques

Mixolydien    1.ª Esp.
Lydien        2.ª Esp.
Phrygien      3.ª Esp.
Dorien        4.ª Esp.
Hypolydien    5.ª Esp.
Hypophrygien  6.ª Esp.
Hypodorien    7.ª Esp.

N.B. Les notes blanches représentent la finale.—Depuis chaque mode naturel, admet un si bémol facultatif en raison du système conjoint; et les notes correspondantes du mode transposé peuvent en conséquence être abaissées d'un demi ton.

L. Danel

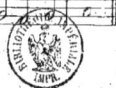

# Planche II.

Fig. III.

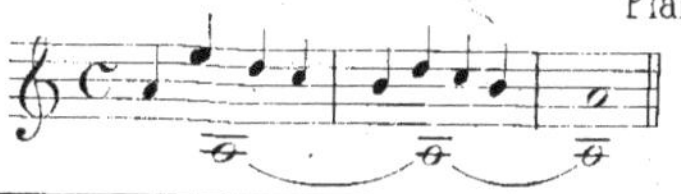

Fig. VI

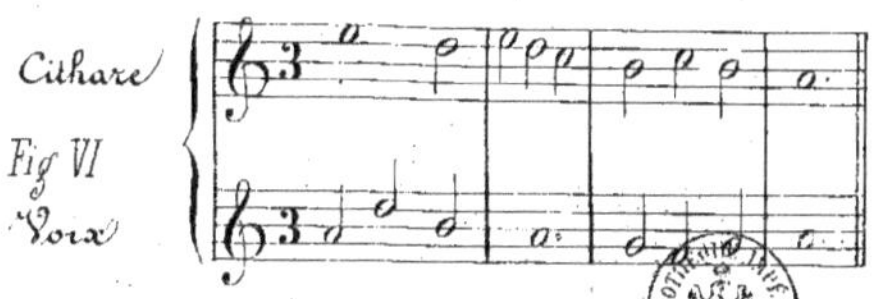
Cithare
Voix

Fig. V.

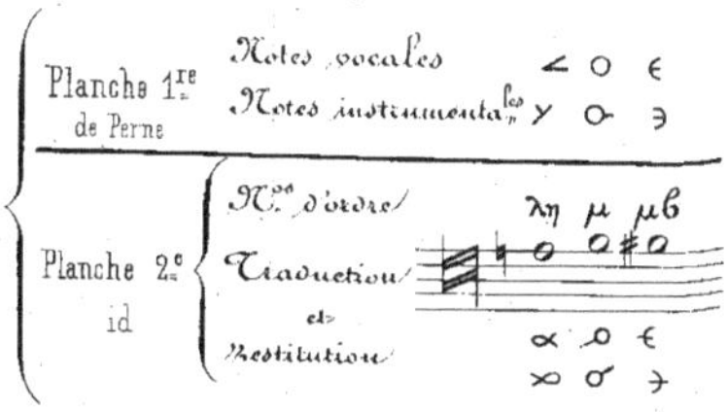
Planche 1re de Perne
Notes vocales
Notes instrumentales
Planche 2e id
Nos d'ordre
Traduction et Restitution
λη μ μβ



Fig. IV.

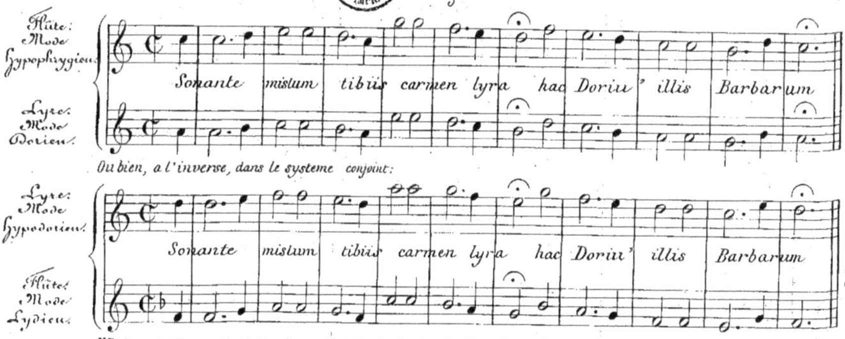
Flûte: Mode Hypophrygien.
Sonante mistum tibiis carmen lyra hac Dorium illis Barbarum
Lyre: Mode Dorien.
Ou bien, à l'inverse, dans le système conjoint:
Lyre: Mode Hypodorien.
Sonante mistum tibiis carmen lyra hac Dorium illis Barbarum
Flûte: Mode Lydien.

N.B. On peut, si l'on veut, ajouter deux pédales, la et mi dans le 1er cas, la et ré dans le second.

Planche III

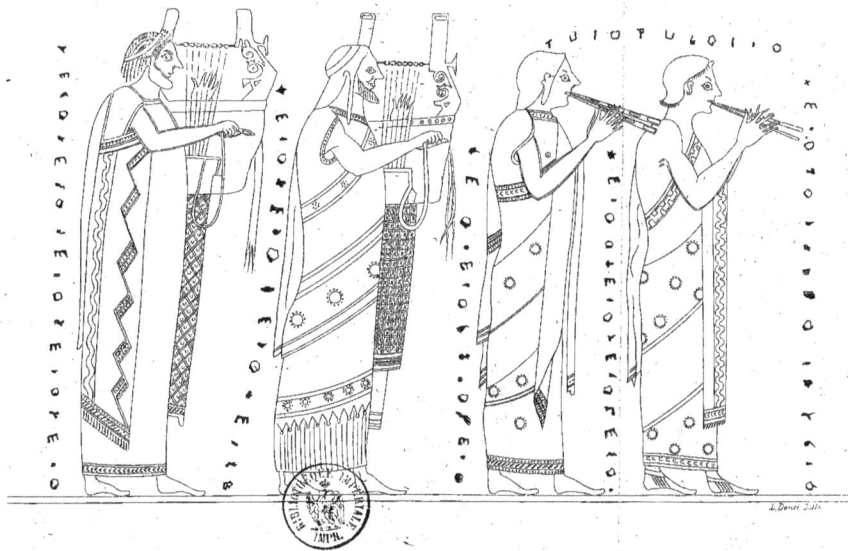

# Planche IV.

Première strophe de la première Pythique de Pindare.

(1) Κῶλον μεβολαβοῦν?

Planche V.

# Tableau complémentaire de Modulations

## pour l'usage du double clavier à quarts de ton.

(Voir le volume des Mémoires de 1832, p. 77.)

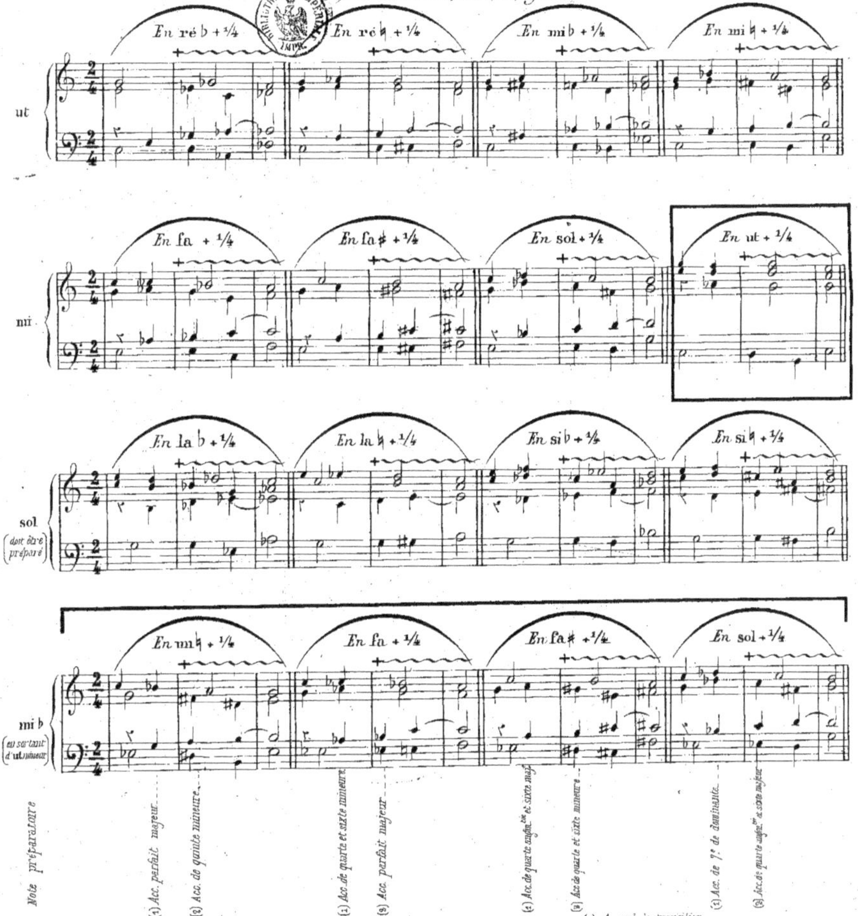

### C'est à savoir:

Modulations pour passer du ton d'ut (clavier inférieur) dans tous les tons du clavier supérieur.



(1) Accord préparatoire. (2) Accord de transition.

Le signe + indique l'élévation d'un quart de ton, c'est à dire le passage du clavier inférieur au clavier supérieur, dont les touches sont plus élevés (de cet intervalle d'un quart de ton) que les touches respectivement correspondantes
du premier. Le Tableau peut également servir pour moduler sur un clavier ordinaire au moyen de 5 accords au lieu de 4 (v. l. c. p. 77), en faisant abstraction du signe +. (On retomberait sur l'ancien Tableau en supprimant
l'accord préparatoire.) — On peut obtenir un Tableau analogue pour passer du ton d'ut + 1/4 dans tous les tons du clavier inférieur. Pour cela, il faut prendre le présent Tableau en observant d'écrire un demi ton plus haut la seconde
partie de chaque modulation. Alors, la première modulation tombe en ré, la 11e ou dernière en ut, et ainsi des intermédiaires. (Quant à la modulation en ré b, elle se trouve dans la case réservée.) Le Tableau ainsi écrit
de cette manière, on affecte du signe + la première mesure seulement de chaque modulation pour indiquer qu'il faut exécuter chaque première mesure sur le clavier supérieur et le reste sur le clavier inférieur.

L. Danel.

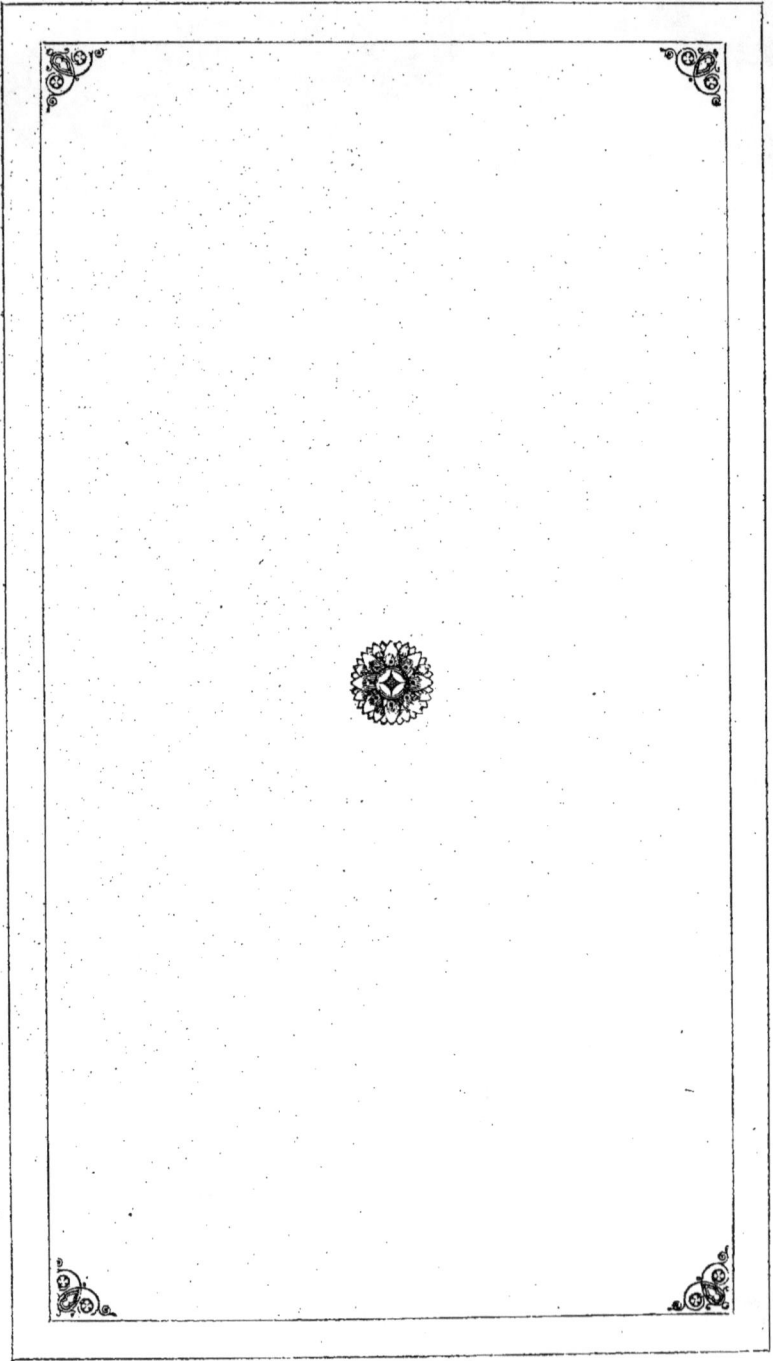

www.ingramcontent.com/pod-product-compliance
Lightning Source LLC
Chambersburg PA
CBHW050600210326
41521CB00008B/1053